차례

지하 궁전으로의 초대 · 2

동굴은 어디에 있을까 · 12

석회암에 남은 물과 시간의 흔적, 석회동굴 · 14

카르스트 지형 · 24

마그마가 지상에 남긴 통로, 용암동굴 · 26

빙하가 품은 비밀, 얼음동굴 · 31

파도와 바위의 싸움, 해식동굴 · 34

물이 빚은 자연의 조각, 석고동굴 · 36

소금층이 물을 만날 때, 소금동굴 · 37

특이한 동굴생성물과 그 밖의 동굴들 · 38

세계에서 가장 긴 동굴은? · 40

동굴에는 어떤 생물이 살까 · 44

인간은 왜 동굴에 들어갈까 · 52

영문 사진설명(Caption) · 64

우경식

1956년 서울에서 태어나 서울대학교 해양학과를 졸업하였다. 미국 텍사스 주립대학에서 석사학위를, 일리노이 주립대학에서 지질학으로 박사학위를 받고, 1986년부터 강원대학교 지질학과 교수로 재직중이다.

주로 동굴지질학과 퇴적학, 해양지질학, 석유지질학을 연구하며, 미국 루이지애나 주립대학과 캘리포니아 주립대학에서 객원교수를 맡기도 했다. 현재는 한국동굴연구소 소장, 국제동굴연맹의 한국대표를 맡고 있으며, 한국동굴환경학회 부회장으로도 활동하고 있다.

동굴, 물과 시간이 빚어낸 신비의 세계

지은이 우경식

펴낸이 이원중 | 편집 김선정 · 박혜정 · 김지은 · 손경화 | 마케팅 조희정

표지디자인 위현미 | 삽화 강영숙

펴낸날 2002년 6월 24일 초판 1쇄 펴냄

펴낸곳 지성사 | 출판등록일 1993년 12월 9일 | 등록번호 제10-916호

서울시 마포구 신수동 88-131호 (우)121-854

대표전화 02) 716-4858 | 팩스 02) 716-4859

http://www.jisungsa.co.kr   e-mail jisungsa@hanmail.net

ⓒ 우경식, 2002   ISBN 89-7889-083-0 03450

Photo by Dave Bunnell (USA)

지하 궁전으로의 초대

▲ 이탈리아의 산타바바라 석회동굴. 전 세계적으로 지금까지 발견된 동굴은 수만 개에 이를 것이다. 그 대부분은 빗물이나 지하수에 석회암이 녹아 만들어진 석회동굴이다.

▶ 슬로바키아의 도미카 석회동굴.

◀ 앞사진 : 미국 뉴멕시코 주 레추기아 석회동굴.

미지의 세계에 대한 두려움과 호기심이 공존하는 곳

학자들은 동굴을 자연현상으로 땅 속에 만들어진 빈 공간이라고 한다. 하지만 학자들의 말과는 달리, 사람들은 오래 전부터 그 캄캄한 굴 속에 혹시 무서운 괴물이 살고 있지는 않을까 상상하며 호기심 어린 눈으로 동굴을 바라보았다. 불행인지 다행인지는 모르지만 지금까지 동굴에서 괴물을 보았다는 사람은 없다. 그러나 괴물보다 더 기이하고 신비스러운 동굴생성물들이 가득 찬 지하세계를 여행하다 보면 왜 동굴전문가들이 그토록 위험하고 힘든

Photo by M. Elias (Slovakia)

미국 하와이의 서브웨이 용암동굴. 용암동굴은 화산이 폭발할 때 땅 위로 용암이 흘러내리면서 만들어진다.

◀ 미국 뉴멕시코 주 레추기아 석회동굴의 곡석.

Photo by Peter Jones (USA)

동굴 속을 수놓은 아름다운 장식물들

동굴의 천장이나 벽면, 바닥 등에서 자라는 것을 동굴생성물이라 한다. 동굴생성물은 살아 있는 생물은 아니지만 시간이 흐를수록 점점 더 크게 자란다. 석회동굴, 용암동굴, 석고동굴, 소금동굴에서 많이 볼 수 있으며 주로 동굴 주위의 암석과 같은 성분으로 이루어져 있다.

Photo by Peter Jones (USA)

▲미국 뉴멕시코 주 레추기아 석회동굴의 석화.

Photo by Kyung Sik Woo (Korea)

▶평창 백룡동굴의 휴석과 그 안에서 자라는 동굴팝콘.

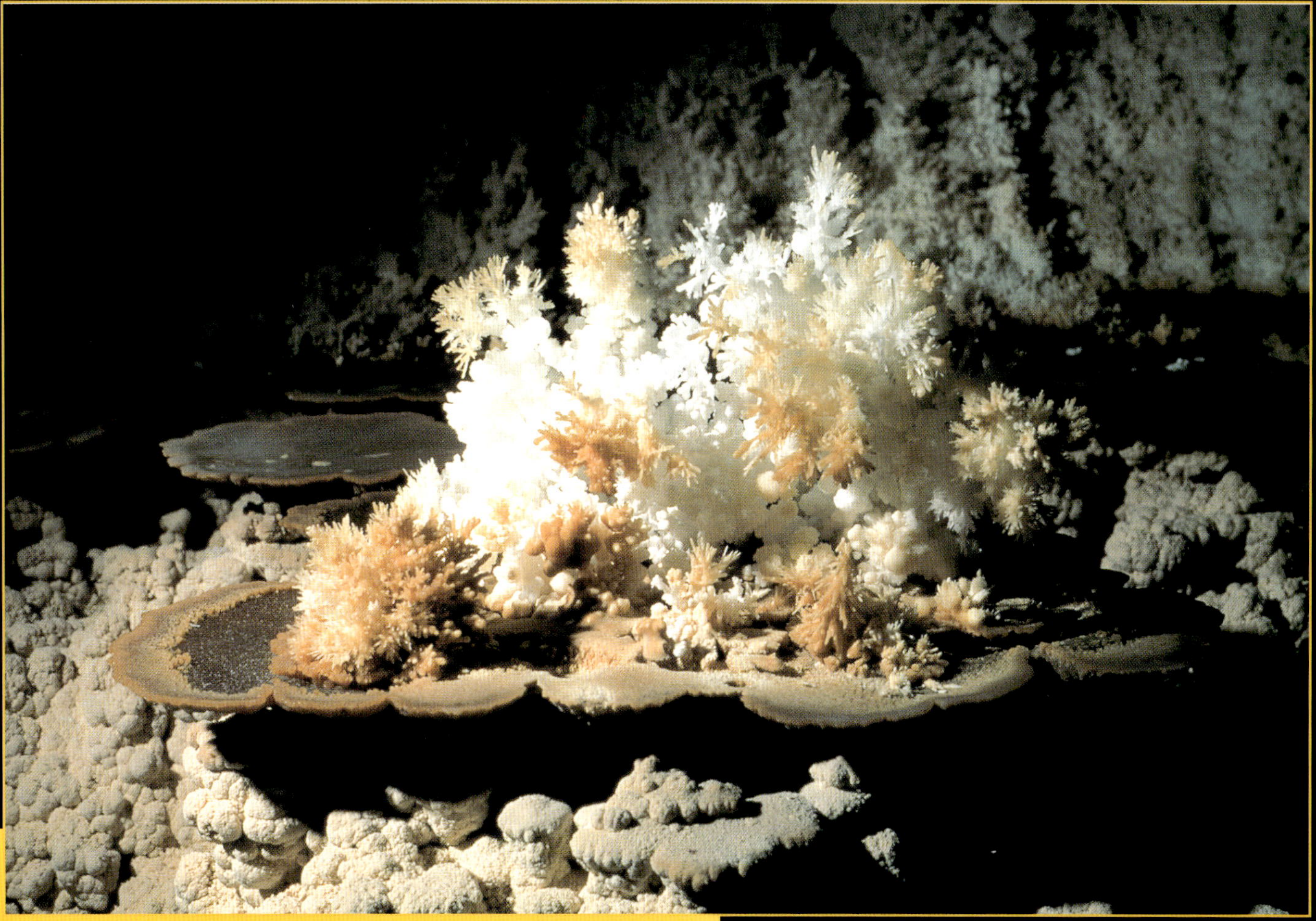

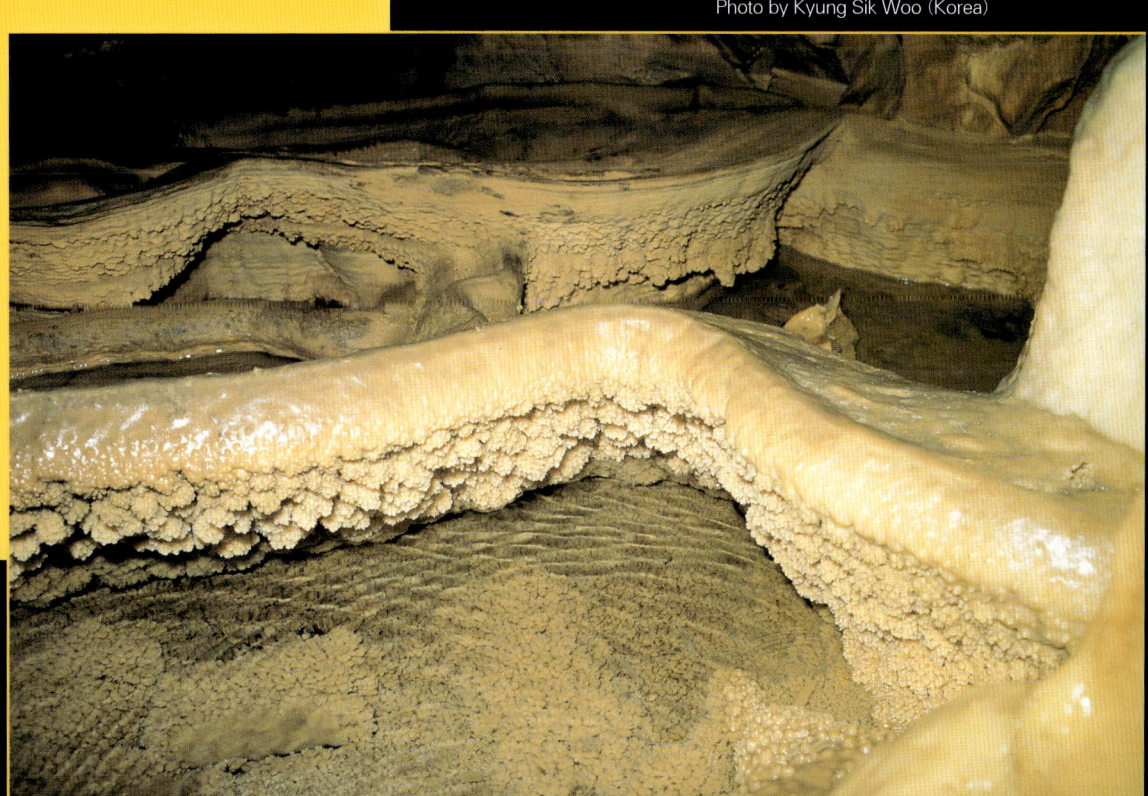

Photo by Paolo Forti (Italy)

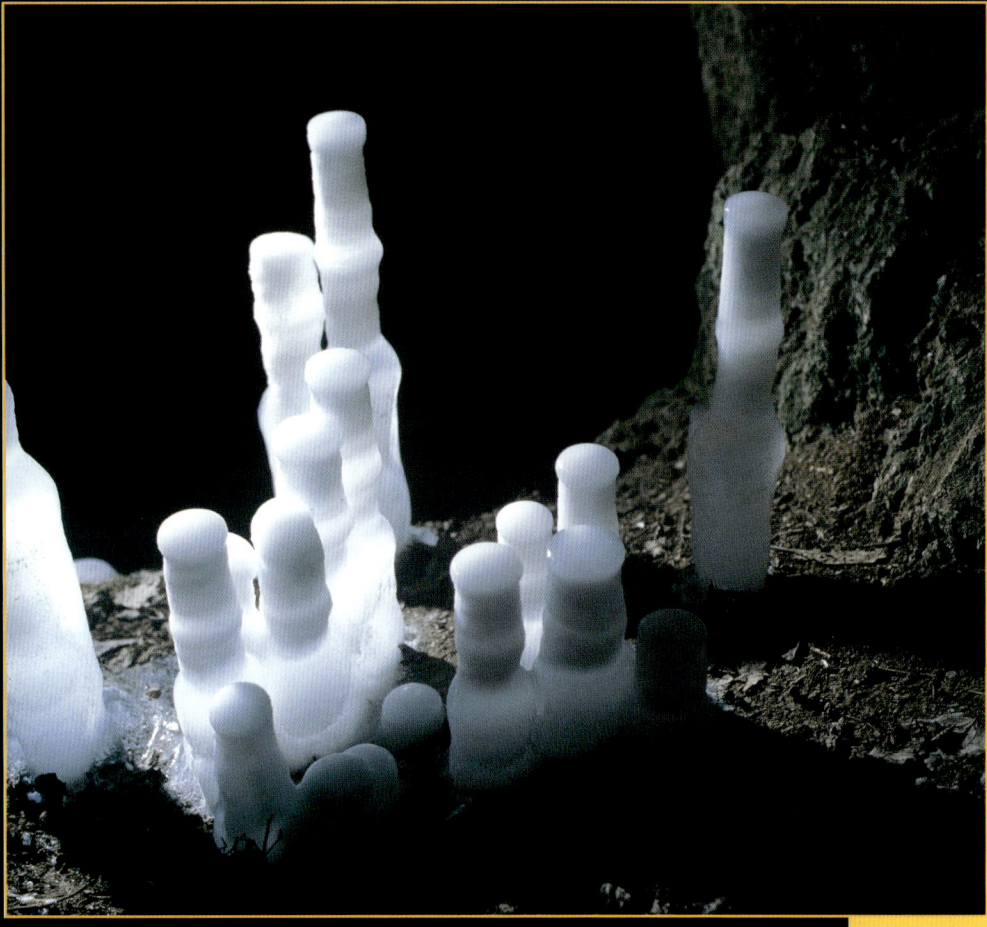

◀ 이탈리아의 석고동굴에서 볼 수 있는 얼음생성물. 물은 오랜 세월 동안 다른 광물을 녹여 지하세계를 일구지만, 때론 자기 자신을 작품으로 남기기도 한다.

▼ 미국 뉴멕시코 주 레추기아 석회동굴의 동굴진주.

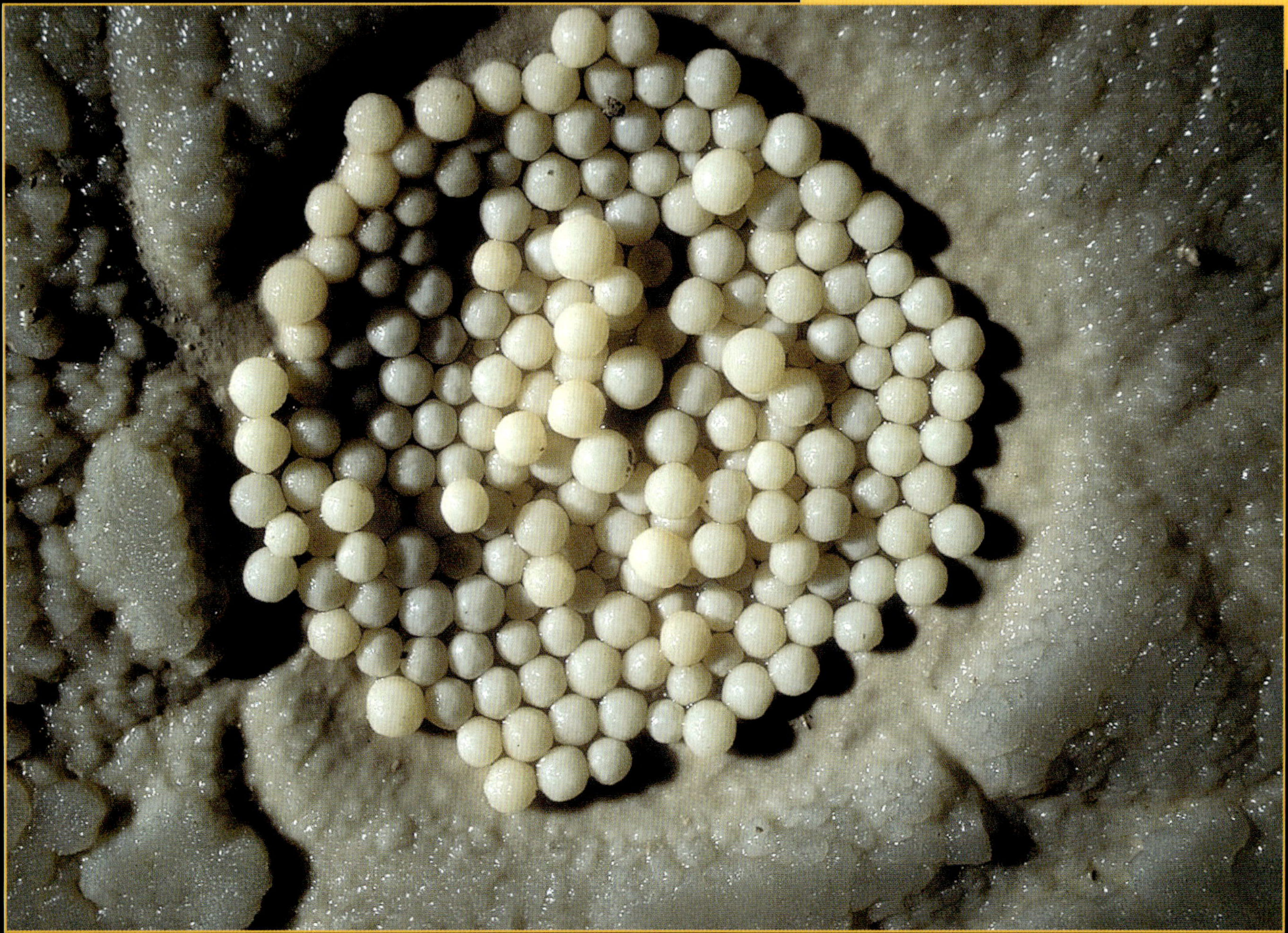

Photo by Dave Bunnell (USA)

◀일정한 두께로 자란 체코 석회 동굴의 막대기 모양의 석순.

Photo by Petr Zajicek (Czech Republic)

Photo by Lin Hua Song (China)

어떤 동굴탐험가는 사진만 보고도 그 자리에 동굴이 있을 거라 예측했고, 실제로 찾아내기도 했다. 하지만 무작정 땅 속을 파 들어간다고 해서 모두 동굴을 발견할 수는 없다. 그럼 동굴은 어떤 곳에 생기는 걸까. 또 어떤 과정을 거쳐 신기하고 아름다운 동굴과 동굴생성물들이 만들어지는 걸까.
동굴은 동굴이 있는 땅의 암석 종류에 따라, 혹은 만들어진 방법에 따라 다르게 나타난다. 석회동굴이나 석고동굴, 소금동굴, 사암동굴은 이들 암석이 물에 녹거나 깎여서 만들어진다. 얼음동굴은 극지방이나 일 년 내내 눈이 쌓여 있는 높은 산 등 매우 추운 곳에서, 용암동굴은 화산이 폭발할 때, 그리고 해식동굴은 암석이 파도에 깎여서 만들어진다.

동굴은 어디에 있을까

석회암에 남은 물과 시간의 흔적, 석회동굴

▲ 이탈리아 노에동굴의 석순들.

◀ 앞사진 : 중국 쿤밍의 석림(石林)에서 볼 수 있는 탑카르스트.

석회동굴은 석회암 지대에서 만들어진다. 석회암은 바다 속에 사는 산호나 조개 같은 생물들이 죽은 후 쌓이면서 암석으로 변한 것이다. 지각변동으로 육지 위로 솟아 올라온 석회암이 오랜 세월 빗물과 지하수에 녹으면서 동굴이 만들어진다.

· 석회동굴은 어떻게 만들어질까?

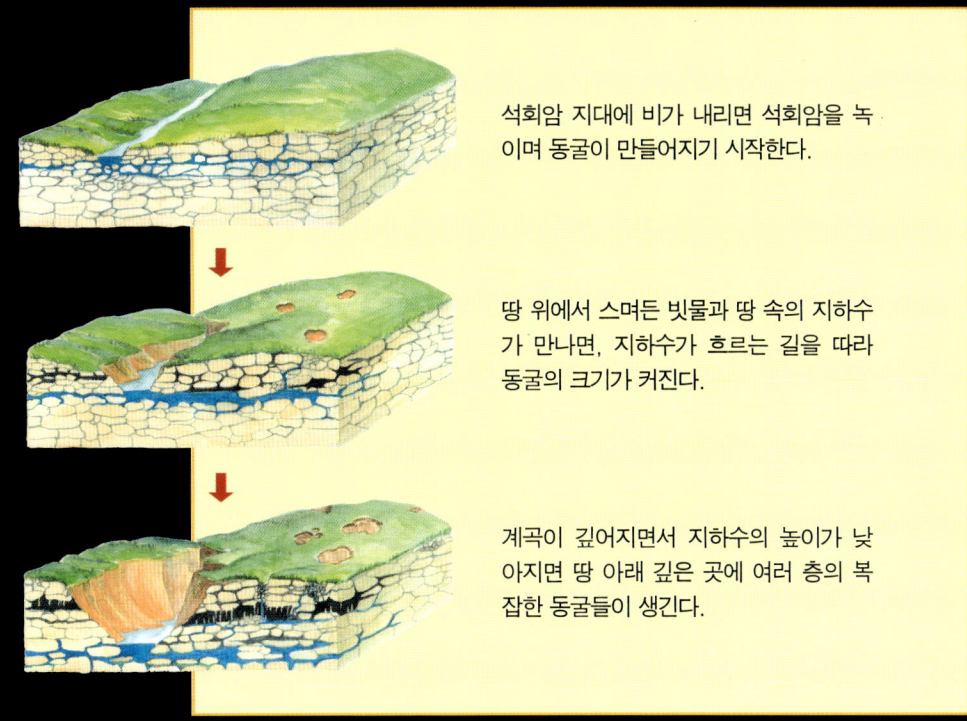

석회암 지대에 비가 내리면 석회암을 녹이며 동굴이 만들어지기 시작한다.

땅 위에서 스며든 빗물과 땅 속의 지하수가 만나면, 지하수가 흐르는 길을 따라 동굴의 크기가 커진다.

계곡이 깊어지면서 지하수의 높이가 낮아지면 땅 아래 깊은 곳에 여러 층의 복잡한 동굴들이 생긴다.

· 석회동굴의 다양한 동굴생성물들

빗물이 석회암을 녹이면서 지하로 내려오다가 동굴을 만나게 되면, 물에 녹아 있던 탄산칼슘 성분만 남으면서 동굴생성물이 만들어진다.

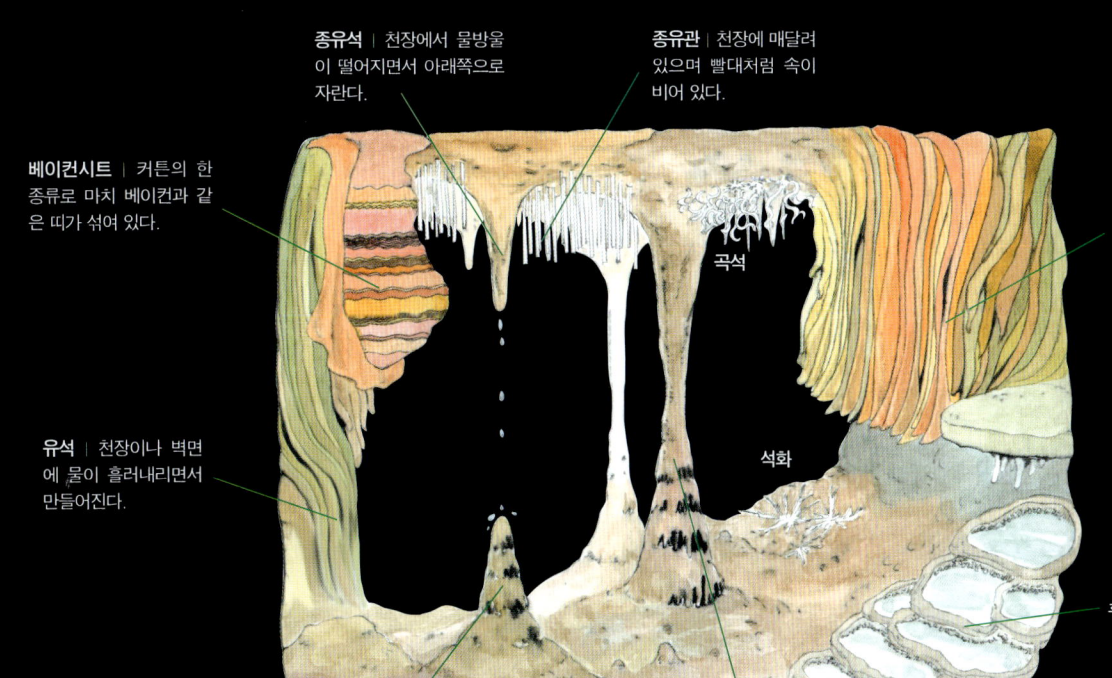

종유석 | 천장에서 물방울이 떨어지면서 아래쪽으로 자란다.

종유관 | 천장에 매달려 있으며 빨대처럼 속이 비어 있다.

베이컨시트 | 커튼의 한 종류로 마치 베이컨과 같은 띠가 섞여 있다.

커튼 | 경사진 천장과 벽면을 따라 커튼 모양으로 자란다.

유석 | 천장이나 벽면에 물이 흘러내리면서 만들어진다.

곡석

석화

휴석

Photo by Kyung Sik Woo (Korea)

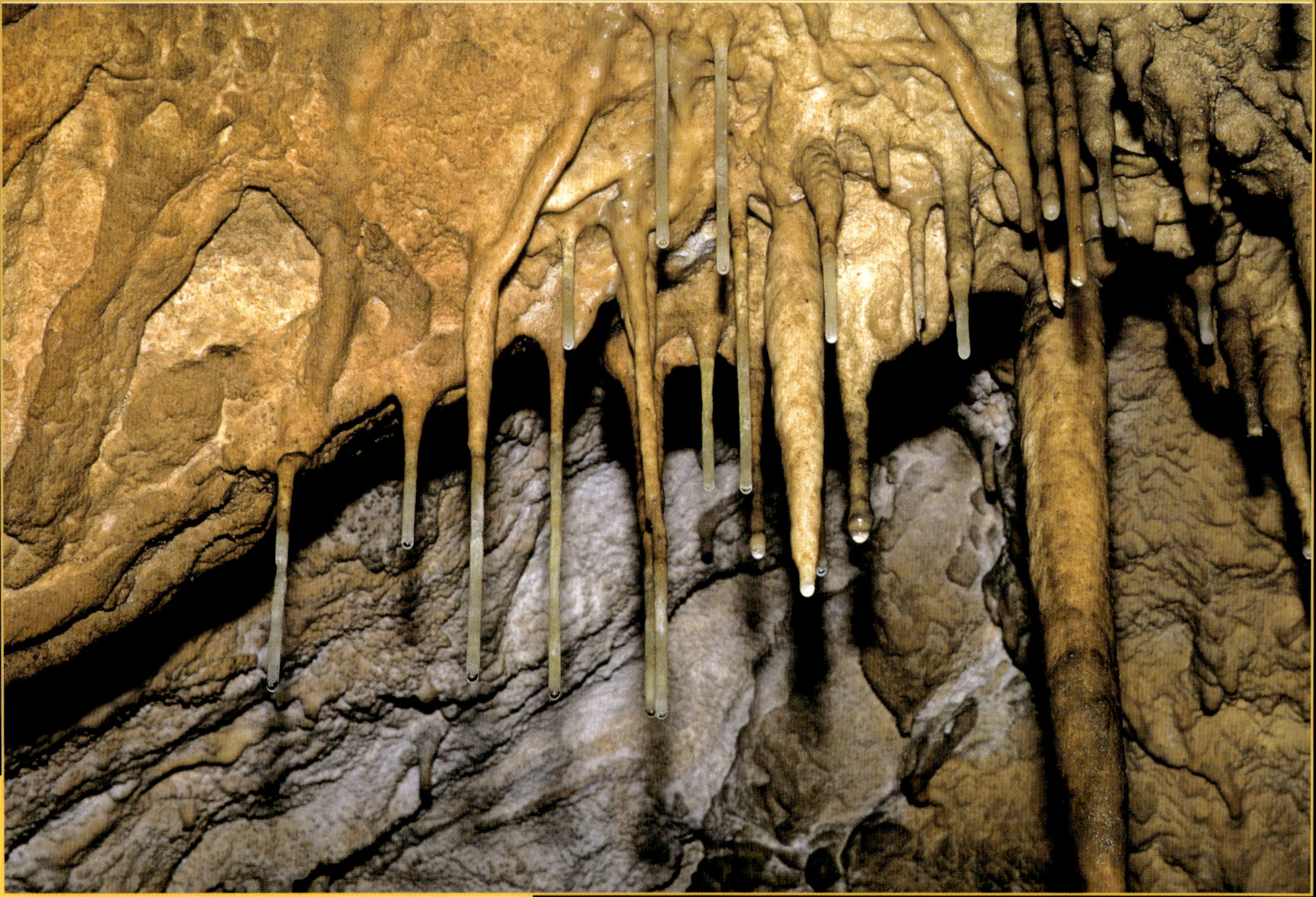

▲영월 고씨굴의 종유관과 당근 모양의 종유석.

종유관은 천장에 맺혀 있는 물방울의 주변에 탄산칼슘 성분의 방해석이 침전하면서 만들어진다. 관 속의 물방울이 떨어지지 않은 채 자라기 때문에 맺힌 물방울은 항상 5.1밀리미터 정도의 지름을 유지한다.

Photo by F. Facchinetti (Italy)

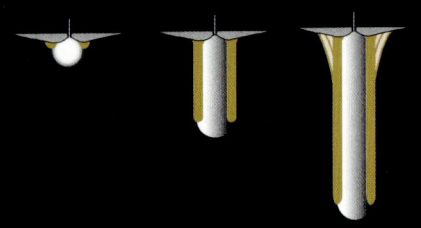

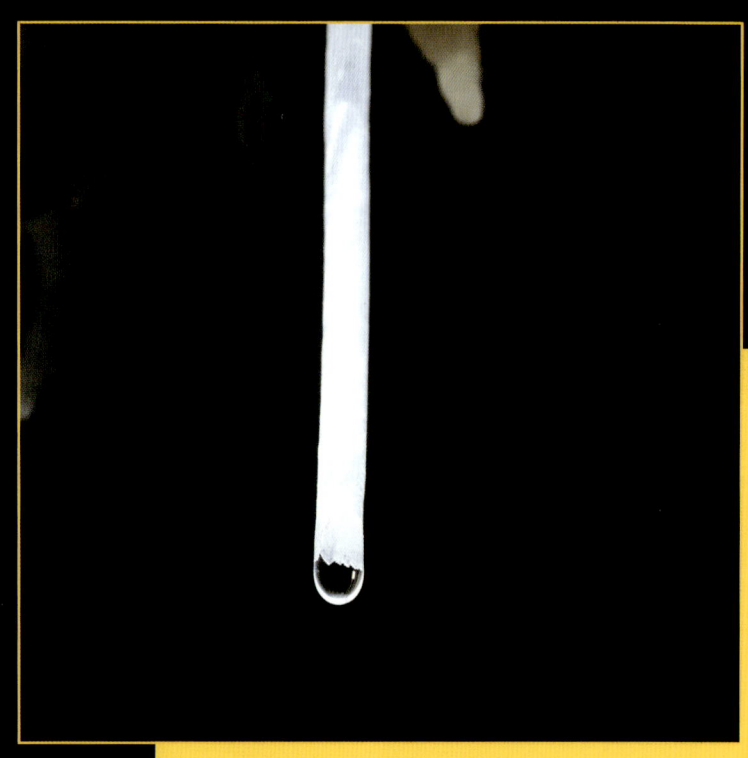

▲이탈리아 발데미노동굴의 종유관.

▶체코 소수브스케동굴의 종유석.

종유관이 자라는 과정에서 관의 안쪽이 막히거나, 물의 양이 많아지면 관 밖에 침전물이 쌓이고 두꺼워지면서 종유석이 된다.

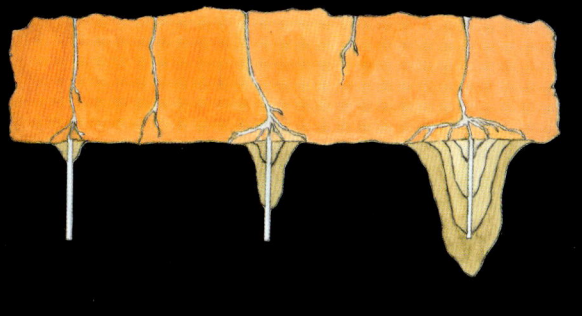

종유석의 단면. 중앙의 빈 구멍은 종유관이 종유석으로 바뀌었음을 알게 한다.

Photo by Kyung Sik Woo (Korea)

▲ 영월 용담굴에서 볼 수 있는 거대한 규모의 유석.

▲ 뉴질랜드 와이토모동굴의 베이컨시트.

Photo by Kyung Sik Woo (Korea)

◀ 삼척 관음굴의 유석.

▲ 미국 뉴멕시코 주 레추기아동굴의 동굴진주. 동굴 진주는 물방울이 바닥의 홈으로 떨어지며 홈 속의 암석 조각 주위에서 광물이 자라면서 만들어진다.

▶ 일본 아키요시다이동굴의 휴석. 휴석은 물이 경사진 바닥을 흐를 때 만들어지는데, 마치 계단식 논과 같은 모양이다. 휴석 안에는 다양한 생성물들이 자란다.

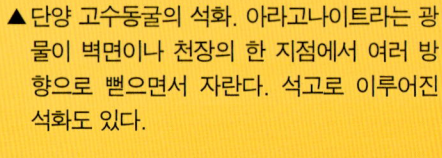

▲ 단양 고수동굴의 석화. 아라고나이트라는 광물이 벽면이나 천장의 한 지점에서 여러 방향으로 뻗으면서 자란다. 석고로 이루어진 석화도 있다.

◀ 헝가리 라코치동굴에서 볼 수 있는 가지 모양의 동굴산호. 생긴 모양이 바다의 산호와 비슷하며, 형태도 다양하다. 동굴팝콘이라고도 한다.

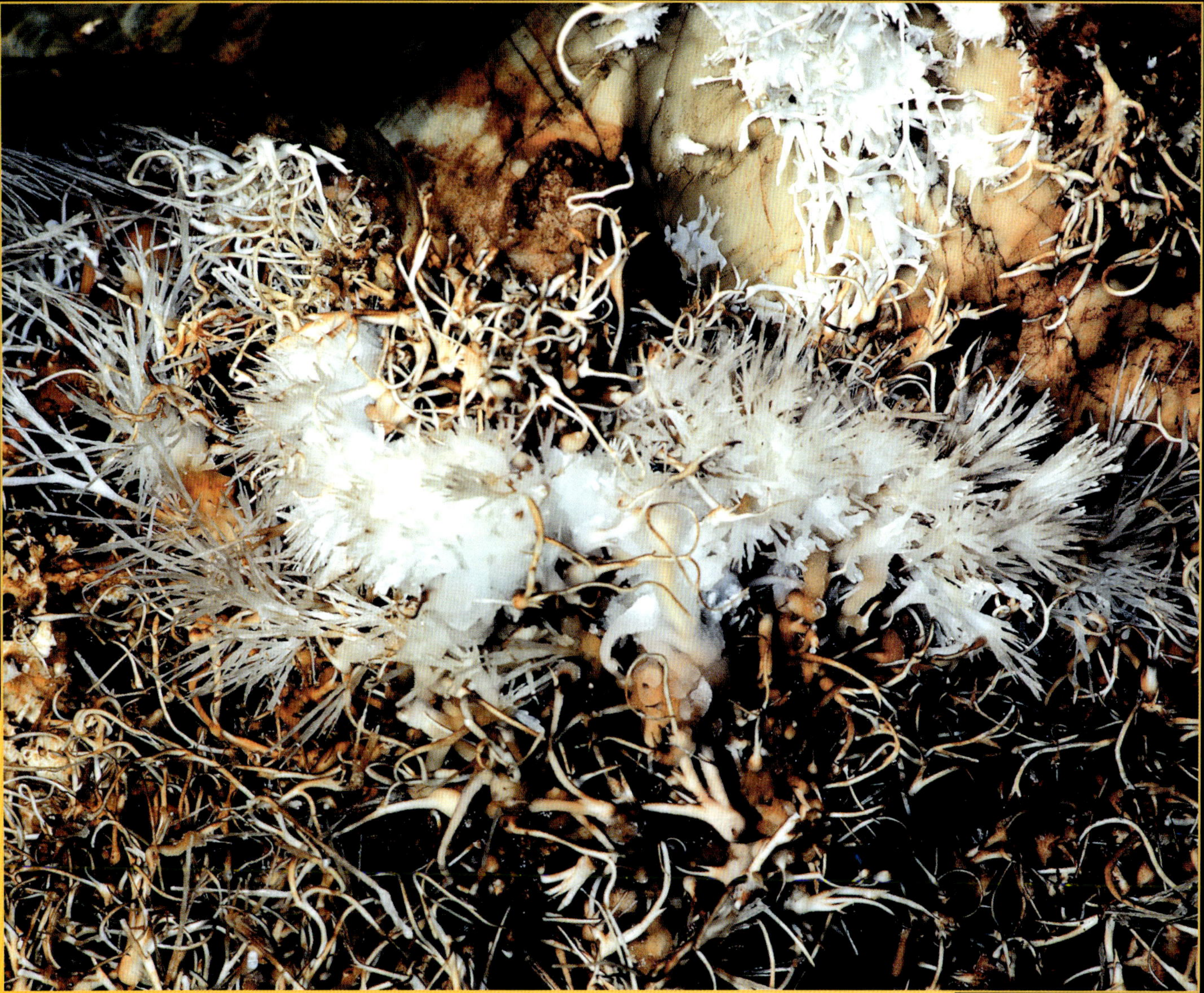

Photo by M. Elias (Slovakia)

▲ 슬로바키아 오친스카-아라고니트동굴의 곡석. 곡석은 경이롭고 신비스런 동굴생성물의 하나로 꼽힌다. 물방울이 떨어지거나 흐르는 방향과 상관 없이 아무 방향으로나 뒤틀린 형태로 자라는 것이 특징이다.

Photo by Kyung Sik Woo (Korea)

▶ 삼척 초당굴의 부유방해석. 휴석 내에 고인 물의 표면에서 만들어지며, 물이 증발하면서 자란다. 어느 정도 커지면 무게 때문에 바닥으로 가라앉는다.

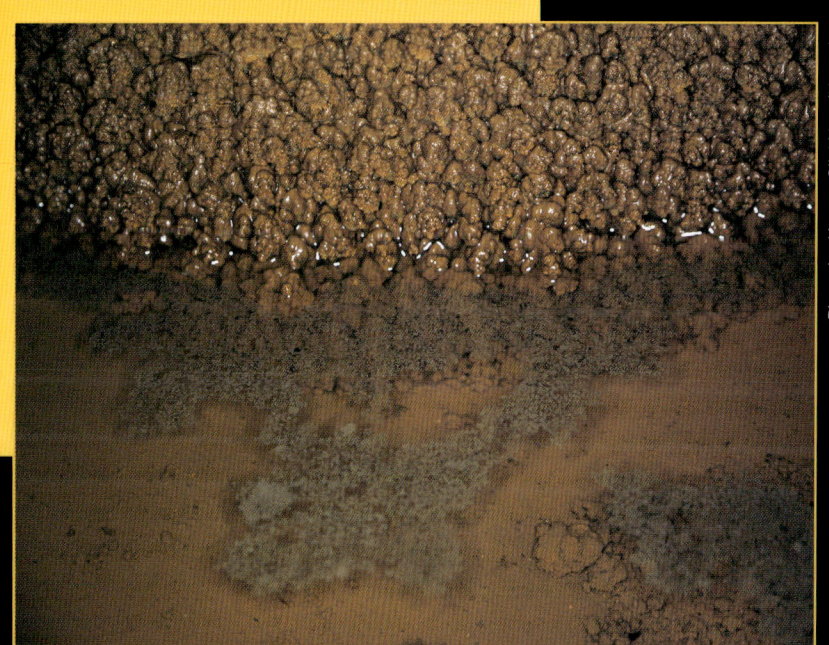

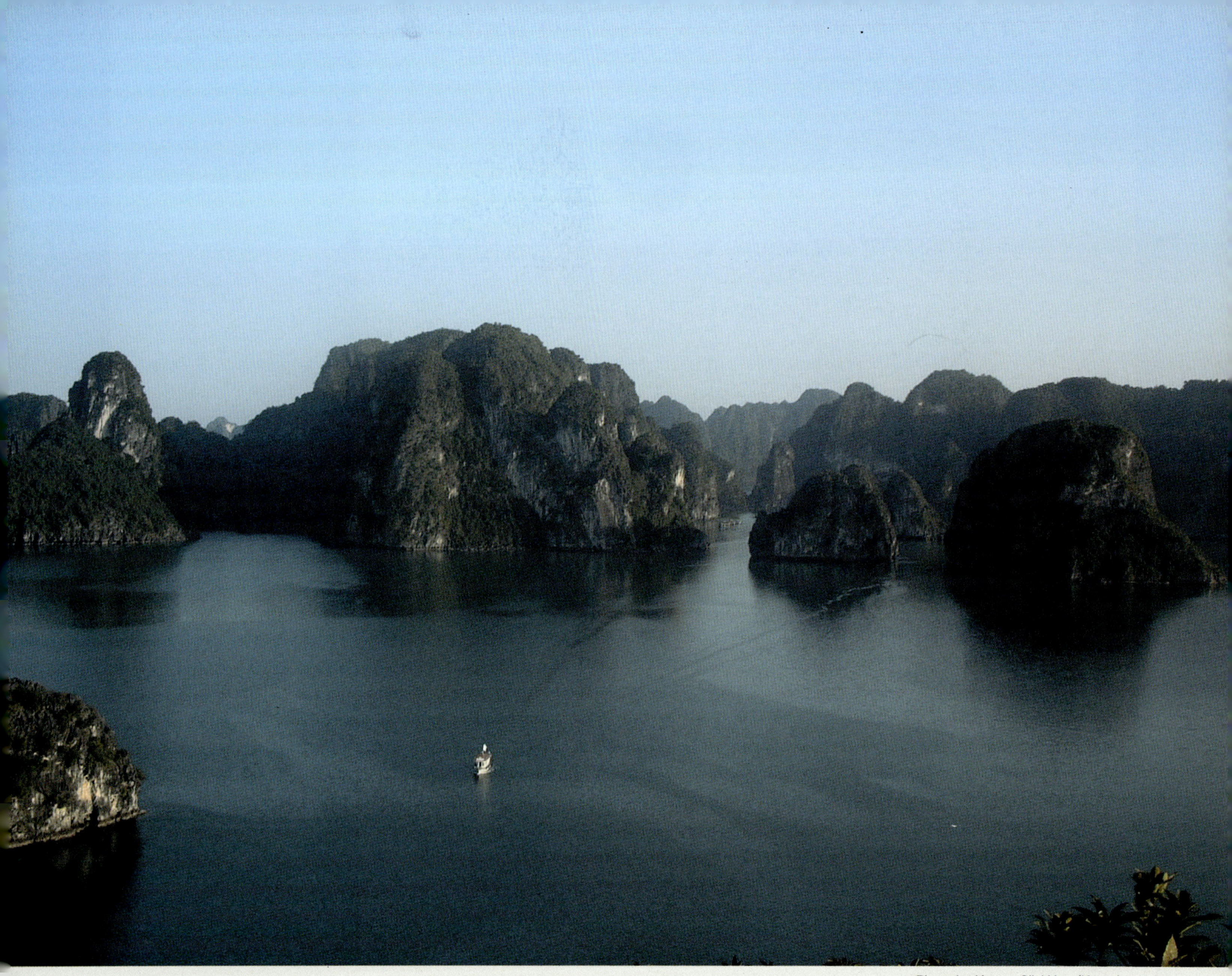

▲베트남 할롱 만에 솟아 있는 탑카르스트. 뾰족한 탑을 연상시킨다.

Photo by Kyung Sik Woo (Korea)

카르스트 지형

석회암이나 석고층, 소금층(암염층)으로 이루어진 지역이 빗물이나 지하수에 녹으면서 만들어진 지형을 카르스트라고 한다. 카르스트의 대표적인 형태로 탑카르스트, 돌리네, 우발라, 폴리에, 콘카르스트, 협곡 등이 있다. 땅 위나 지하의 암석 표면에 물이 흐른 흔적이 남은 카렌도 전형적인 카르스트 지형이다.

Photo by Tony Waltham (UK)

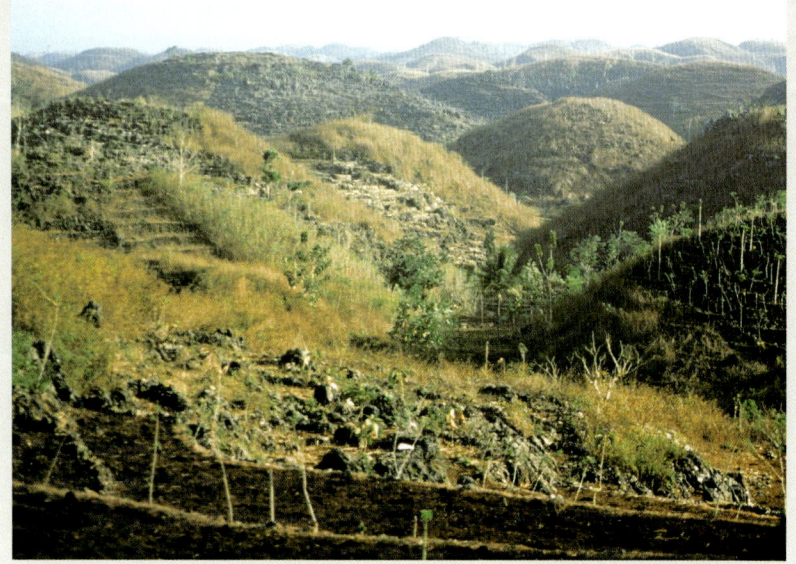

▲열대지역인 인도네시아에 발달한 콘카르스트. 둥근 봉우리 모양이다.

Photo by T. Kuramoto (Japan)

◀ 일본 아키요시다이 지역에 나타나는 돌리네. 카르스트 지형의 초기 형태로 작은 원형의 웅덩이가 패인 것처럼 보인다. 패인 웅덩이가 여러 개 합쳐지면 우발라라고 한다.

Photo by Derek Ford (Canada)

▶ 캐나다 석회암 지대의 폴리에. 바닥이 편평하고 넓은 것이 특징이다.

▼ 스페인 카르도나 지역에서 볼 수 있는 소금층의 카렌. 빗물이 소금층을 녹인 흔적이 뚜렷이 남아 있다.

Photo by Kyung Sik Woo (Korea)

동굴은 어디에 있을까 | 25

마그마가 지상에 남긴 통로, 용암동굴

▲ 미국 하와이의 코나워터동굴.

화산이 폭발하면 지하에 있던 마그마가 용암이 되어 화산 주위로 흘러내린다. 흘러내리는 용암의 표면은 바깥의 공기 때문에 빨리 식어서 굳게 된다. 그러나 미처 식지 않은 내부의 용암은 계속 빠져나와 흐르면서 동굴이 생긴다. 따라서 용암동굴은 다른 동굴에 비해 매우 짧은 시간에 만들어진다.

용암이 동굴을 만들면서 흘러가면, 독특한 형태의 작은 지형들이 생긴다. 그리고 미처 식지 않은 용암이 천장이나 벽면에서 흘러내리거나 공기가 빠져나가면서 여러 동굴생성물들이 만들어진다. 대표적인 동굴생성물로는 용암종유, 용암석순, 용암주, 용암곡석, 용암유석, 용암산호, 용암기포, 용암기구, 용암장미 등이 있다.

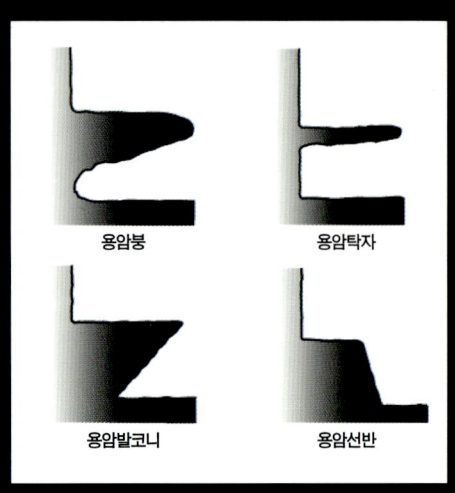

용암동굴에서 볼 수 있는 작은 지형들

· 용암동굴은 어떻게 만들어질까?

화산이 폭발하면 용암이 화산의 주위를 흘러내린다.

용암의 표면이 먼저 굳고 안쪽의 용암은 계속 흘러내린다.

용암이 빠져나가면 용암동굴이 된다.

▲ 미국 발렌타인동굴의 용암주석.

용암주석 | 용암이 흐르다가 두 갈래로 갈라지면서 가운데에 남게 된 기둥이다.

▶ 미국 에메신동굴의 용암탁자. 용암탁자는 동굴 속을 흐르던 용암의 표면이 얇게 굳고, 미처 굳지 않은 아랫부분이 빠져나가면서 만들어진다.

바탕사진 : 미국 하와이의 용암동굴에서 볼 수 있는 승상용암. 용암이 천천히 흐르면서 여러 겹의 줄이 겹쳐진 것 같은 모양으로 만들어진다.
Photo by Dave Bunnell (USA)

◀ 미국 하와이의 프레리도그동굴에서 볼 수 있는 용암선반. 용암선반은 용암의 양이 줄어들면서, 벽면과 바닥을 흐르던 용암이 굳어서 만들어진다.

▶ 미국 하와이 에메신동굴의 용암유석. 용암유석은 굳지 않은 용암이 벽면을 따라 흘러내리면서 만들어진다.

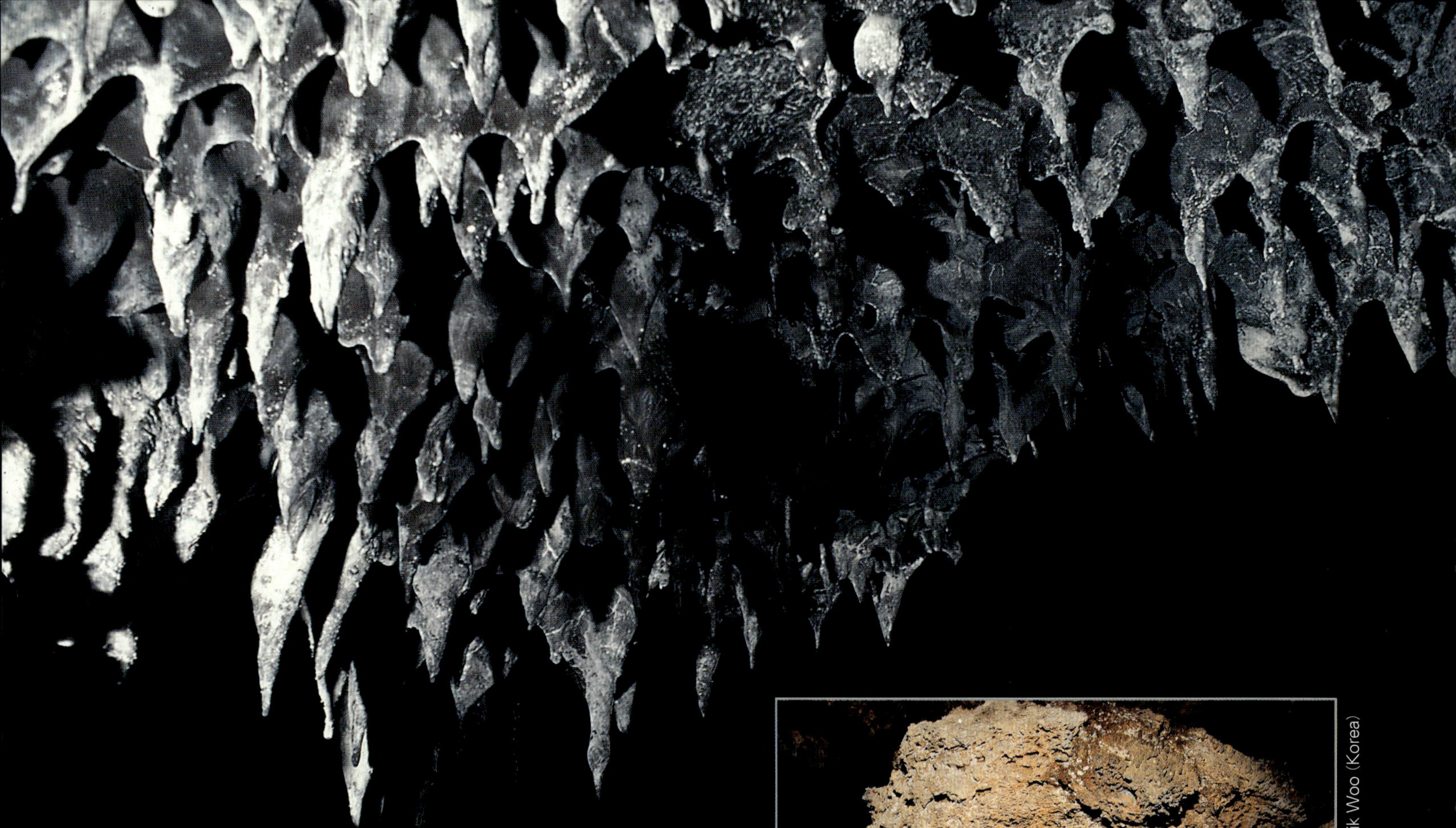

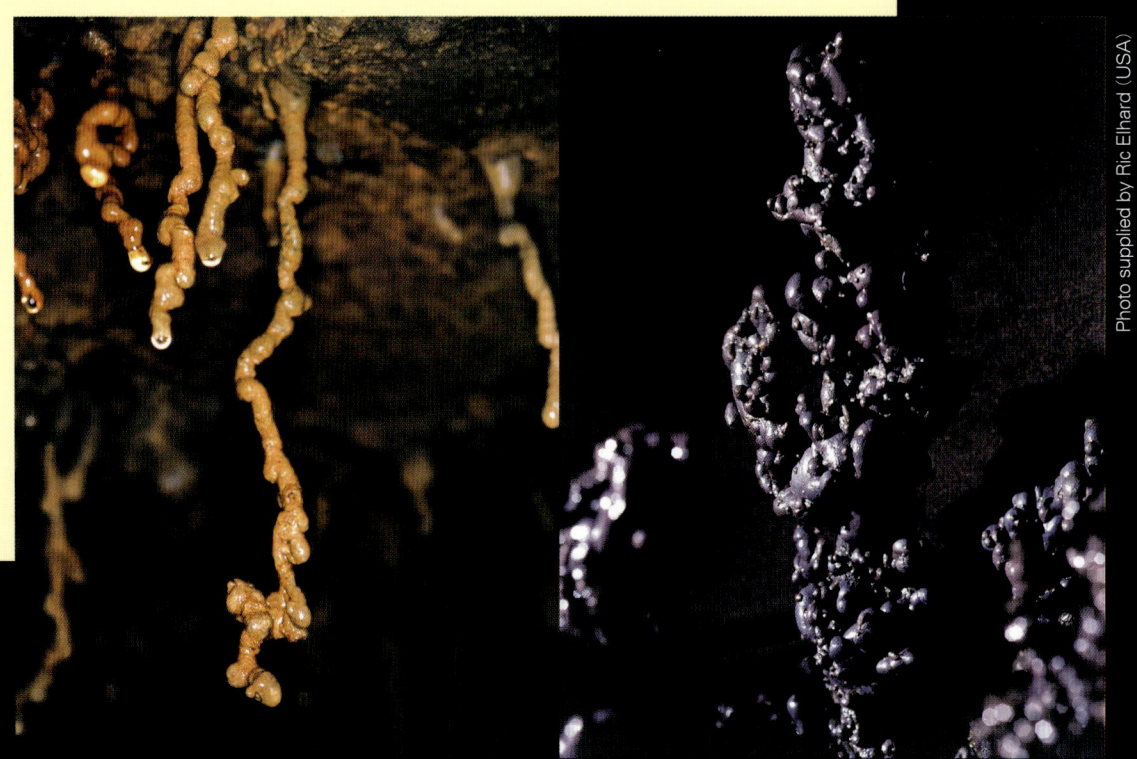

▲미국 하와이 리뎀션동굴 속의 용암종유. 굳지 않은 용암이 천장에서 떨어지면서 만들어진다.
Photo by Dave Bunnell (USA)

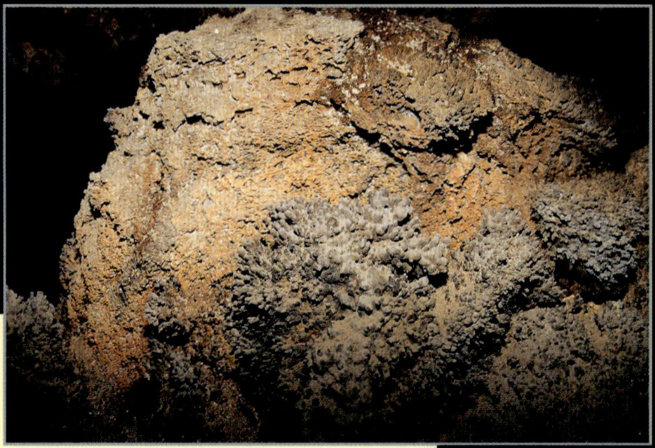

Photo by Kyung Sik Woo (Korea)

▲호주 빅토리아 용암동굴의 용암산호.

▶제주도 당처물동굴의 용암곡석. 용암으로부터 가스가 빠져 나오면서 만들어지며, 내부는 비어 있다.

▶▶미국 하와이 쿨라카이동굴의 기형 용암석순. 천장에서 떨어지는 용암이 굳으면서 만들어진다.

Photo by Kyung Sik Woo (Korea)

Photo supplied by Ric Elhard (USA)

▲ 슬로바키아의 도브신스카 얼음동굴.

얼음동굴은 추운 지방에 있는 빙하가 녹으면서 만들어진다. 빙하의 표면이 녹으면서 깊은 계곡이 생기고, 내부가 녹으면서 동굴이 만들어진다. 온도에 따라 얼음이 얼거나 녹기 때문에 얼음동굴은 그 형태가 계속 변한다. 빙하에서 만들어진 동굴이 아니더라도, 높은 산에 있거나 얼음이 얼어 얼음생성물이 자라는 동굴도 크게 보아 얼음동굴이라고 부른다.

Photo supplied by Lava Beds National Monument (USA)

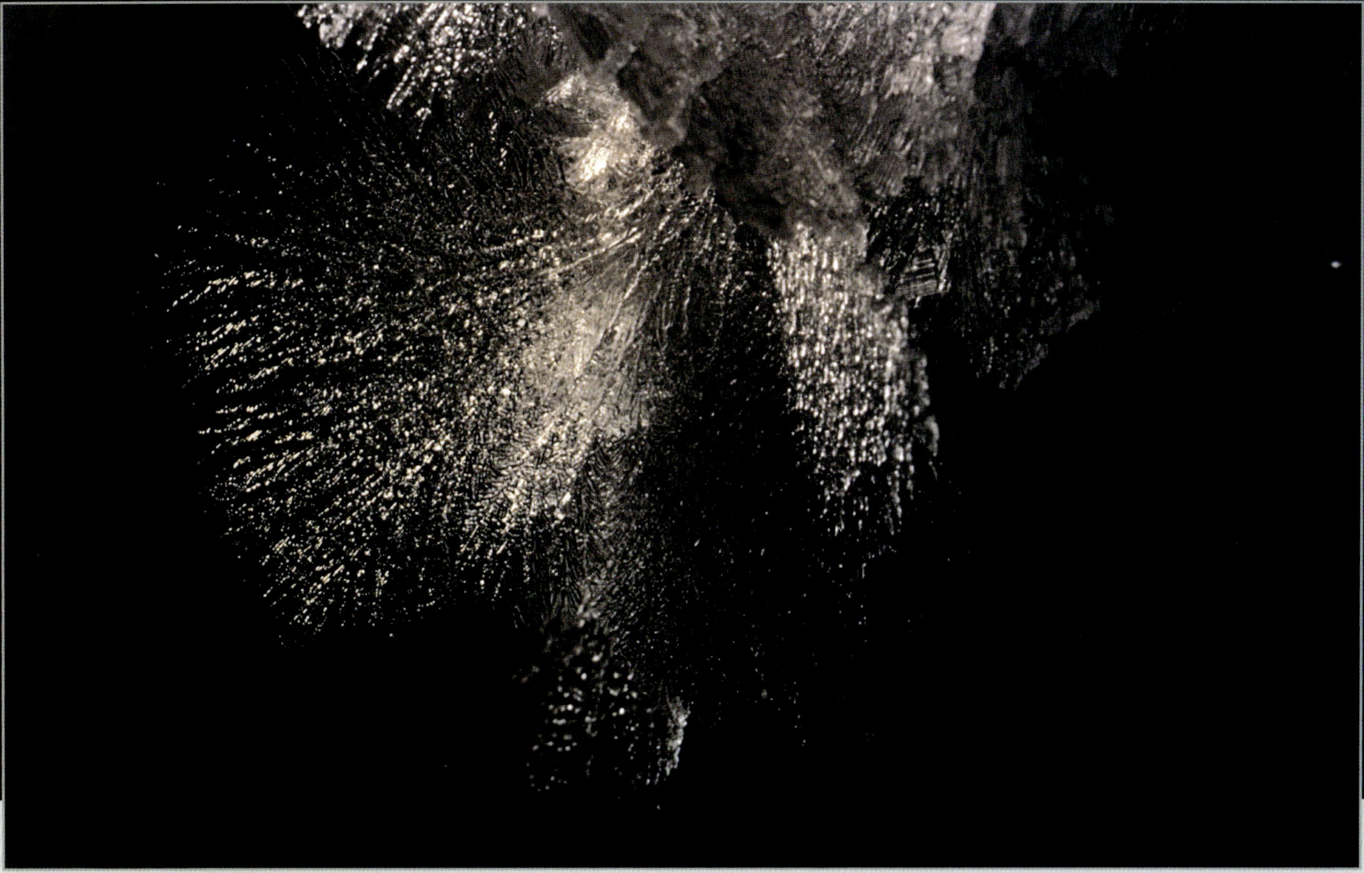

Photo supplied by Lava Beds National Monument (USA)

▲미국 크리스털 용암동굴의 얼음생성물.

◀미국 크리스털 용암동굴의
얼음생성물.

▶오스트리아 다크슈타인 석
회동굴의 얼음생성물.

Photo by Siegfried Gamsjäger (Austria)

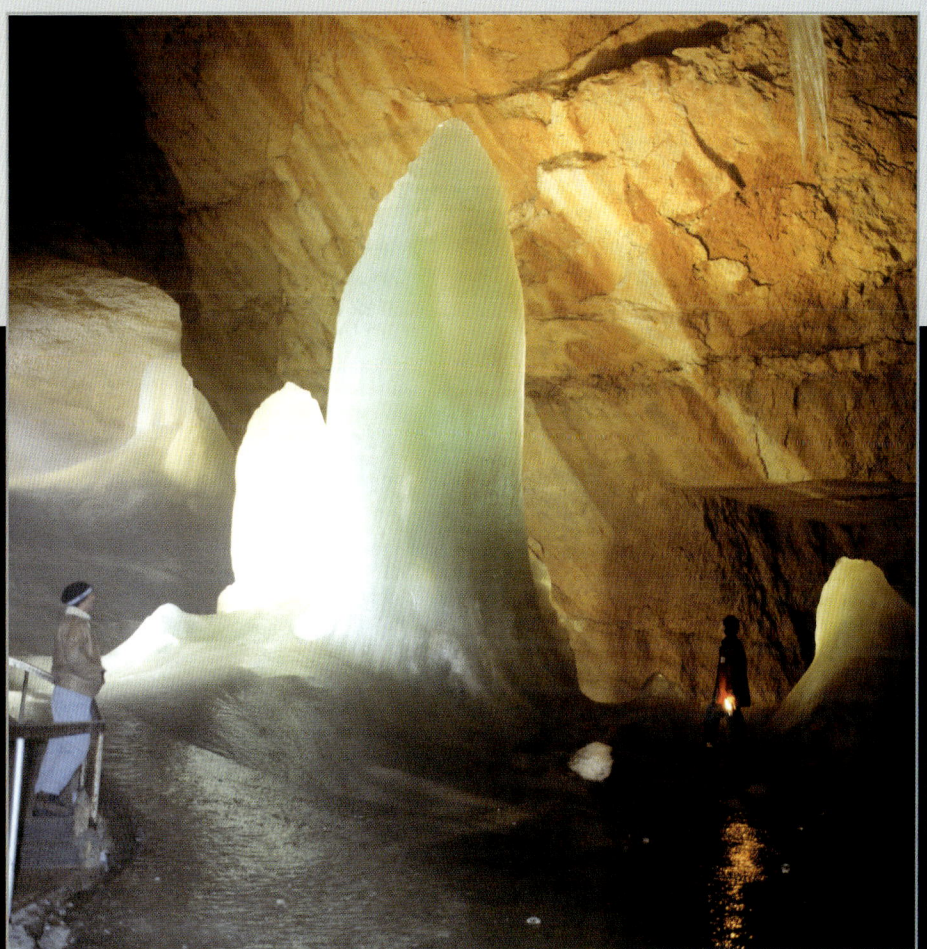

파도와 바위의 싸움, 해식동굴

▲ 하와이의 해식동굴.

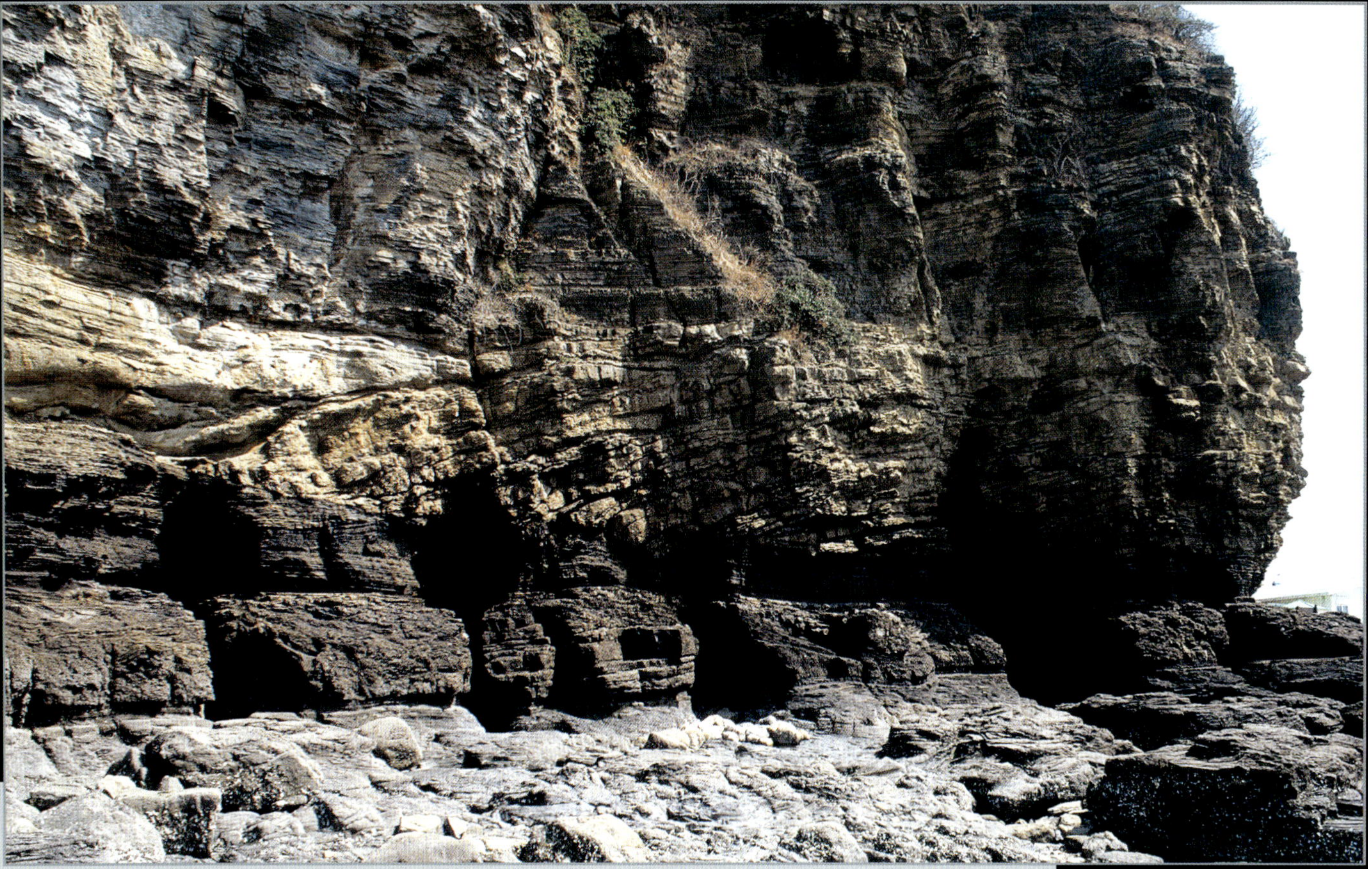

Photo by Kwang Choon Lee (Korea)

▲격포의 해식동굴. 퇴적암으로 이루어진 해안에서는 해식동굴이 쉽게 만들어진다.

해식동굴은 바닷가에 있는 암석이 파도에 깎여서 만들어진다. 바람이 불면서 생기는 파도가 계속해서 암석에 부딪치면 세월의 나이만큼 조금씩 바위가 깎이게 된다. 때로는 폭풍이 밀려와 절벽의 암석을 더 많이 깎기도 한다. 우리 나라에도 해안선을 따라 여러 지역에서 해식동굴을 볼 수 있다.

Photo supplied by Sea Lion Cave (USA)

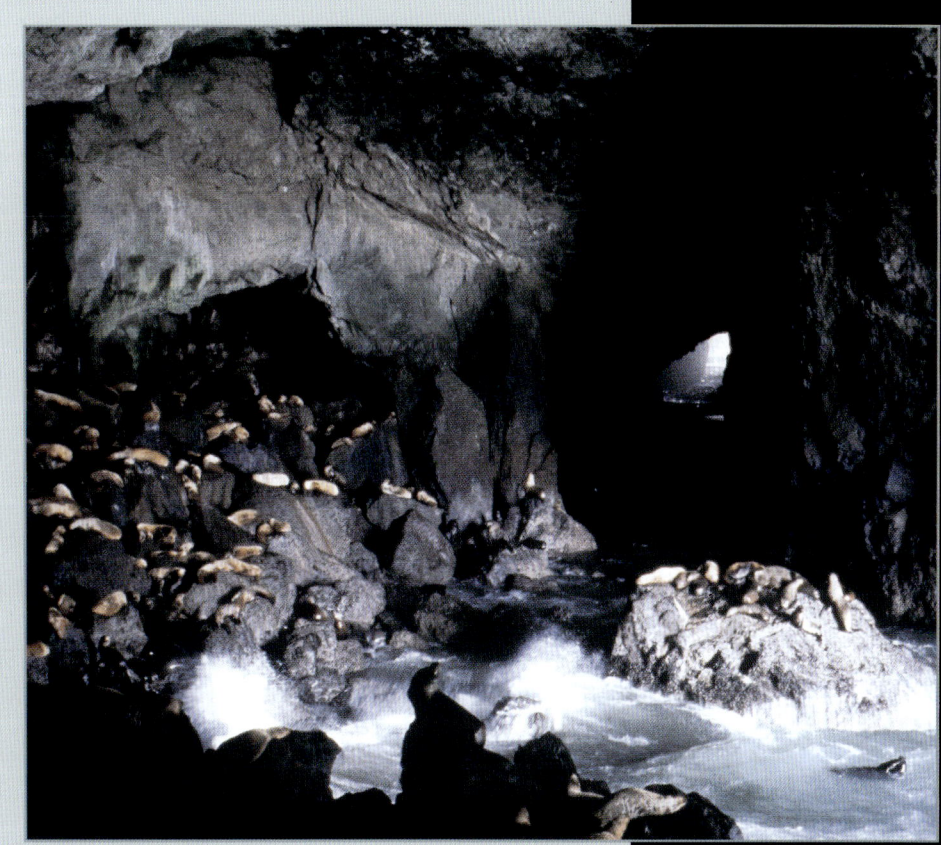

▶미국 오리건 주의 바다사자동굴. 이곳에는 많은 바다사자가 살고 있다.

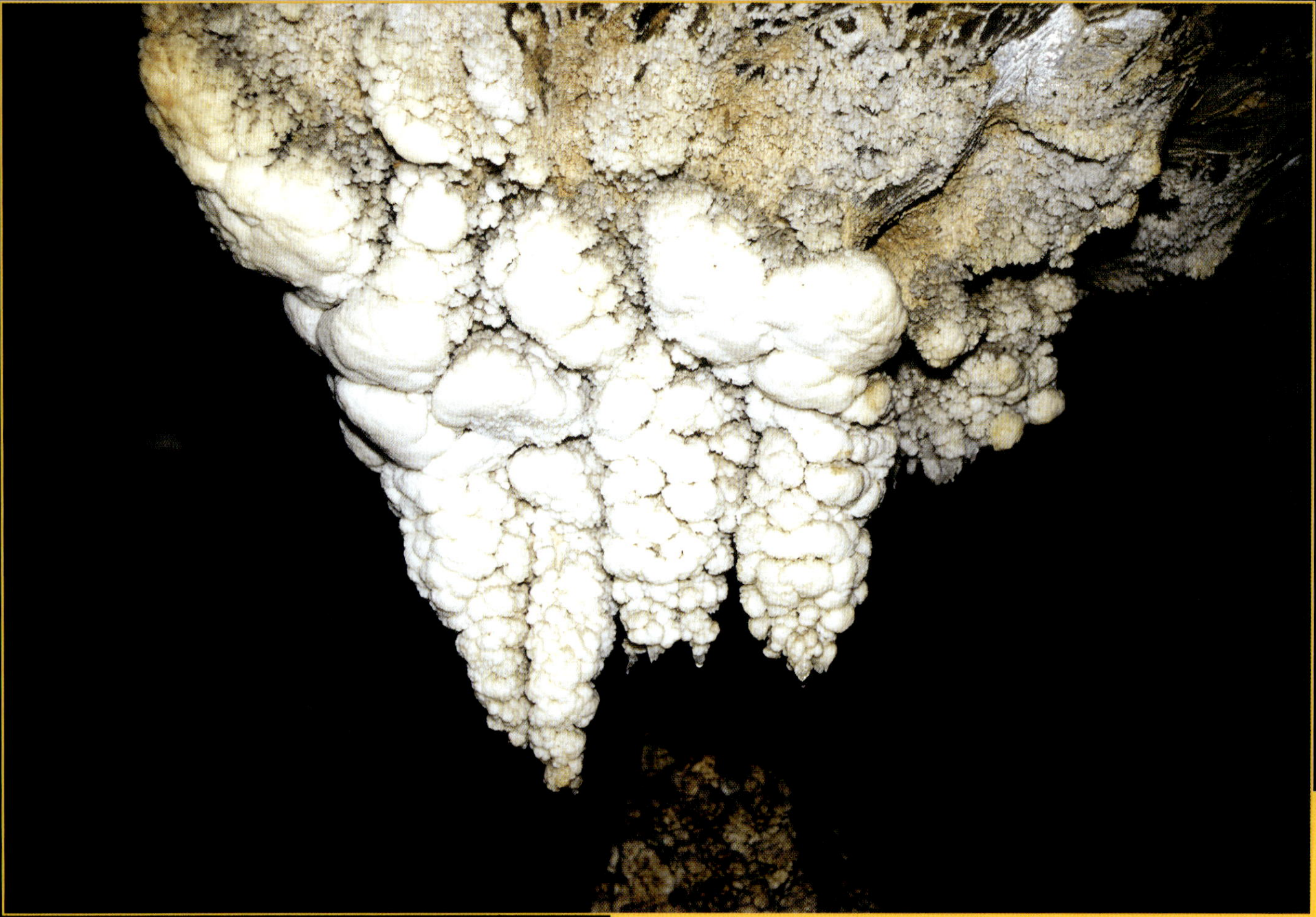

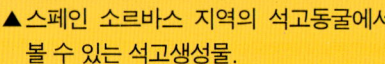

Photo by Kyung Sik Woo (Korea)

▲스페인 소르바스 지역의 석고동굴에서 볼 수 있는 석고생성물.

Photo by Kyung Sik Woo (Korea)

◀스페인 소르바스 지역의 석고동굴에서 자라는 석고석순.

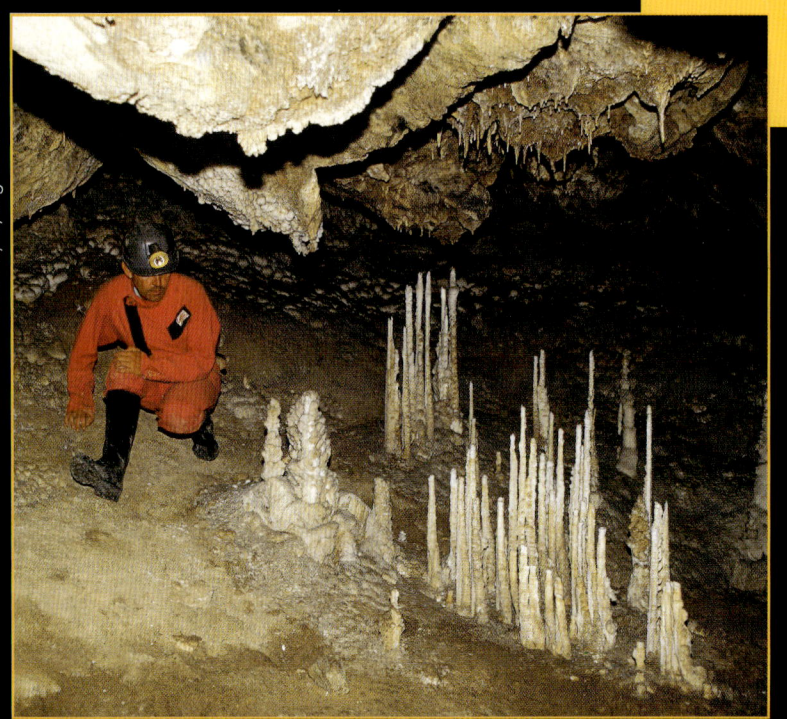

석고동굴은 석고로 된 암석에서 만들어진다. 석고는 석회암보다 빗물이나 지하수에 더 잘 녹기 때문에 석고층이 있는 곳에서는 쉽게 동굴이 생긴다. 우리 나라에는 석고동굴이 없지만 지중해 연안이나 우크라이나, 러시아, 미국 서부 등지에서는 볼 수 있다. 석고층은 예전에 바다였던 지역에서 나타나며, 한 지역에서 석고층이 두껍게 나타나면 과거에 그 지역의 기후가 매우 건조했음을 알 수 있다.

소금층이 물을 만날 때, 소금동굴

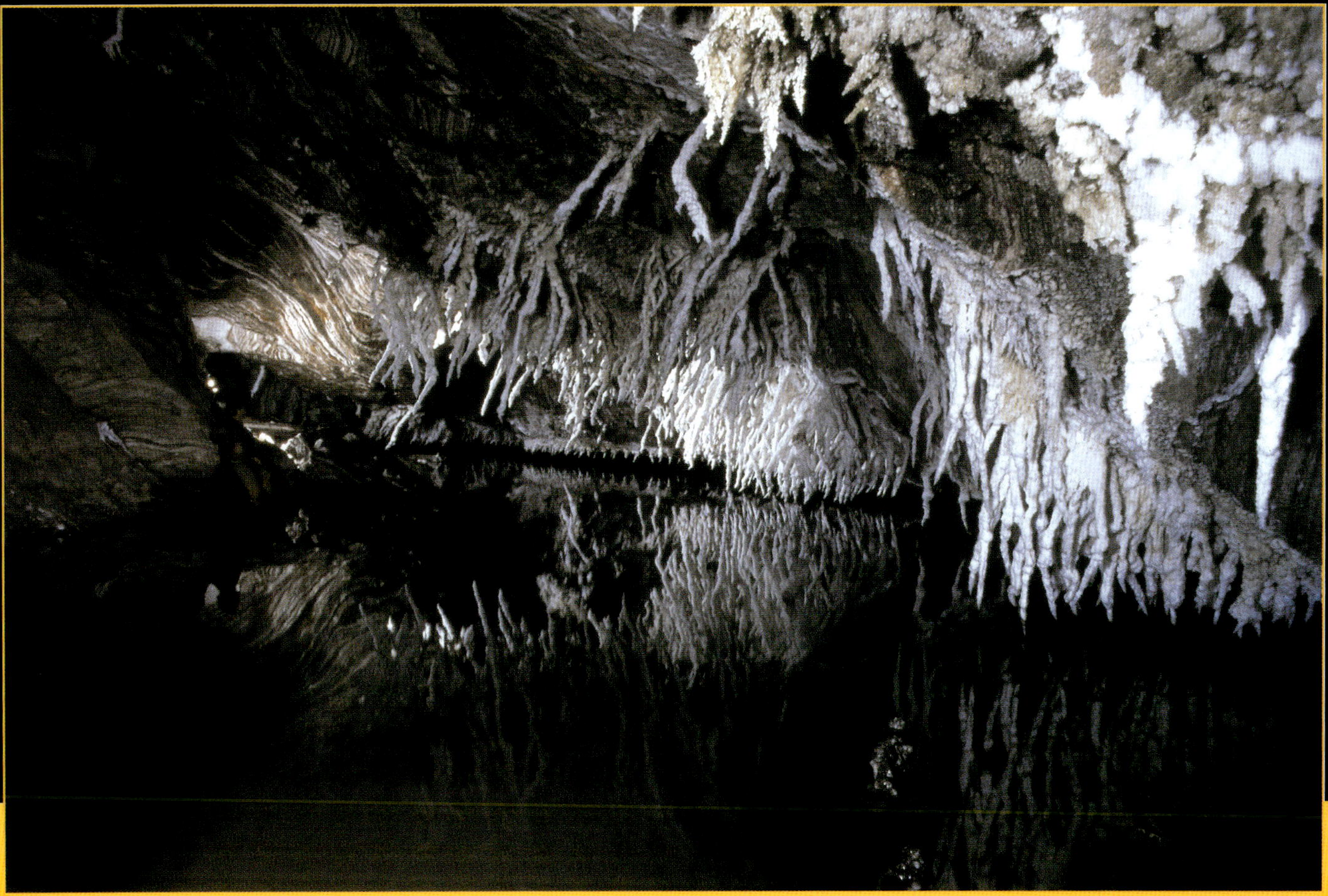

Photo by Jiri Bruthans (Czech Republic)

▲이란 소금동굴의 소금종유석.

▼스페인 소금동굴의 소금종유석.

Photo by Kyung Sik Woo (Korea)

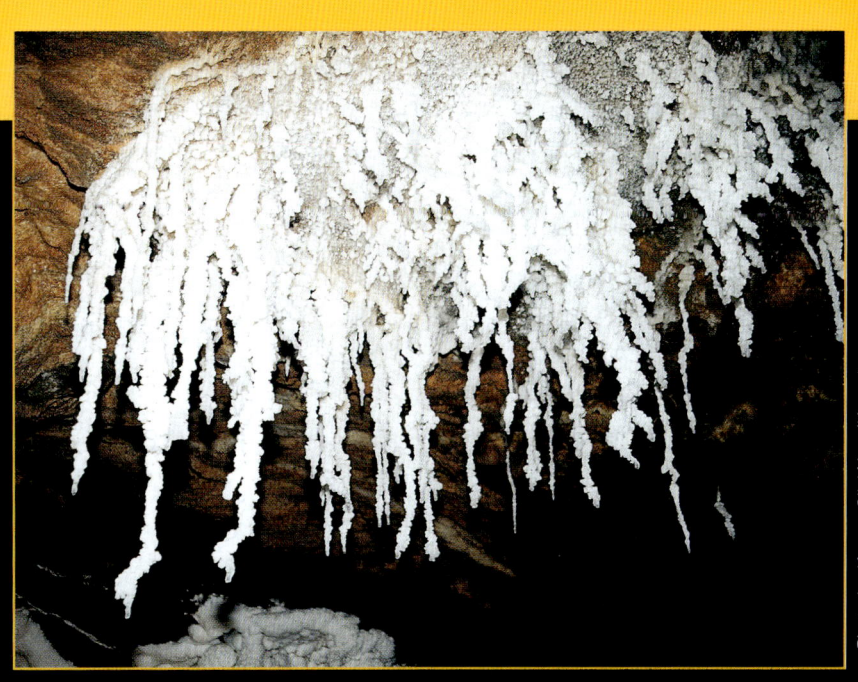

바닷물이 어느 정도 증발하면 석고가 되지만, 증발량이 더 많아지면 암염이 된다. 이러한 암염에서 만들어진 동굴을 소금동굴이라 한다. 암염은 석고보다도 빗물에 잘 녹기 때문에 소금동굴은 매우 빠른 시간 안에 만들어지고, 몇 달만 지나도 그 형태가 변한다.

보통 석회동굴, 용암동굴, 석고동굴, 소금동굴에는 동굴을 이루고 있는 암석과 같은 성분의 동굴생성물이 만들어진다. 하지만 특수한 환경에서는 동굴을 이루는 암석과 전혀 다른 성분의 동굴생성물이 나타나기도 한다.

▶ 미국 하와이 마우이 용암동굴의 용암종유 위에 자란 규산화.

▼ 용암동굴인 제주도의 당처물동굴에서 탄산칼슘으로 된 종유석과 석순, 석주가 자라는 모습.

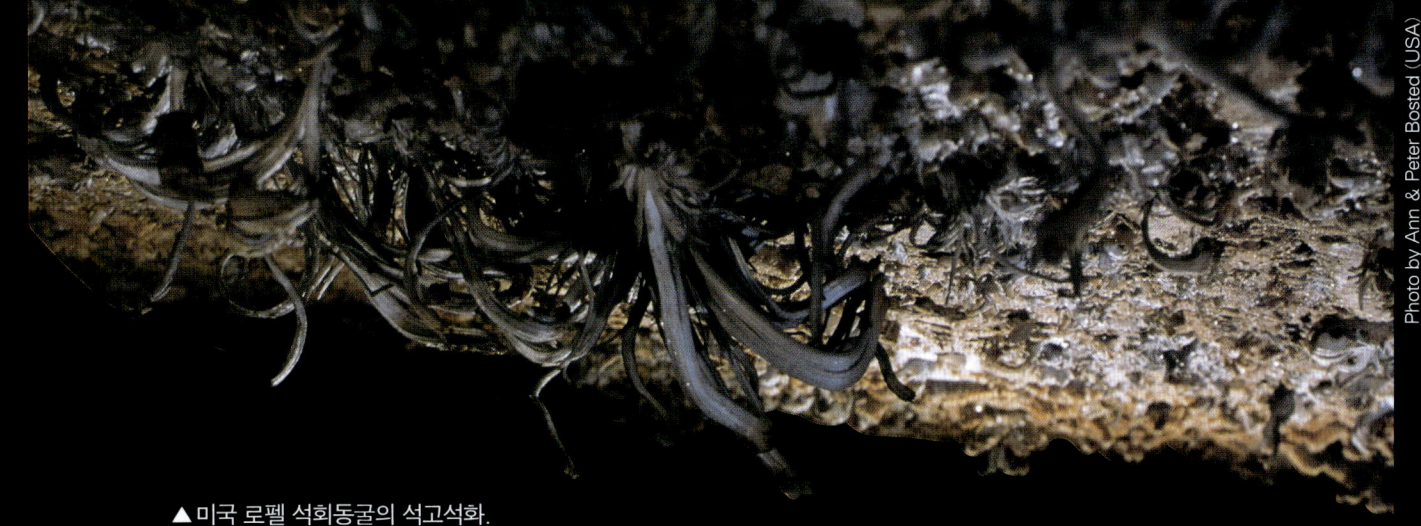

Photo by Ann & Peter Bosted (USA)

▲미국 로펠 석회동굴의 석고석화.

일반적으로 알려진 것과 달리 매우 특이한 환경에서 동굴이 만들어지기도 한다. 암석의 약한 면을 따라 만들어진 절리동굴, 지하수에 깎여 나간 침식동굴 등 동굴이 만들어지는 과정도 다양하다. 또 암석의 종류에 따라 화강암동굴, 셰일동굴, 규암동굴도 있다.

▼브라질의 규암동굴. 이 동굴은 지하의 석회암이 녹자, 위에 있던 암석이 무너지면서 만들어졌다.

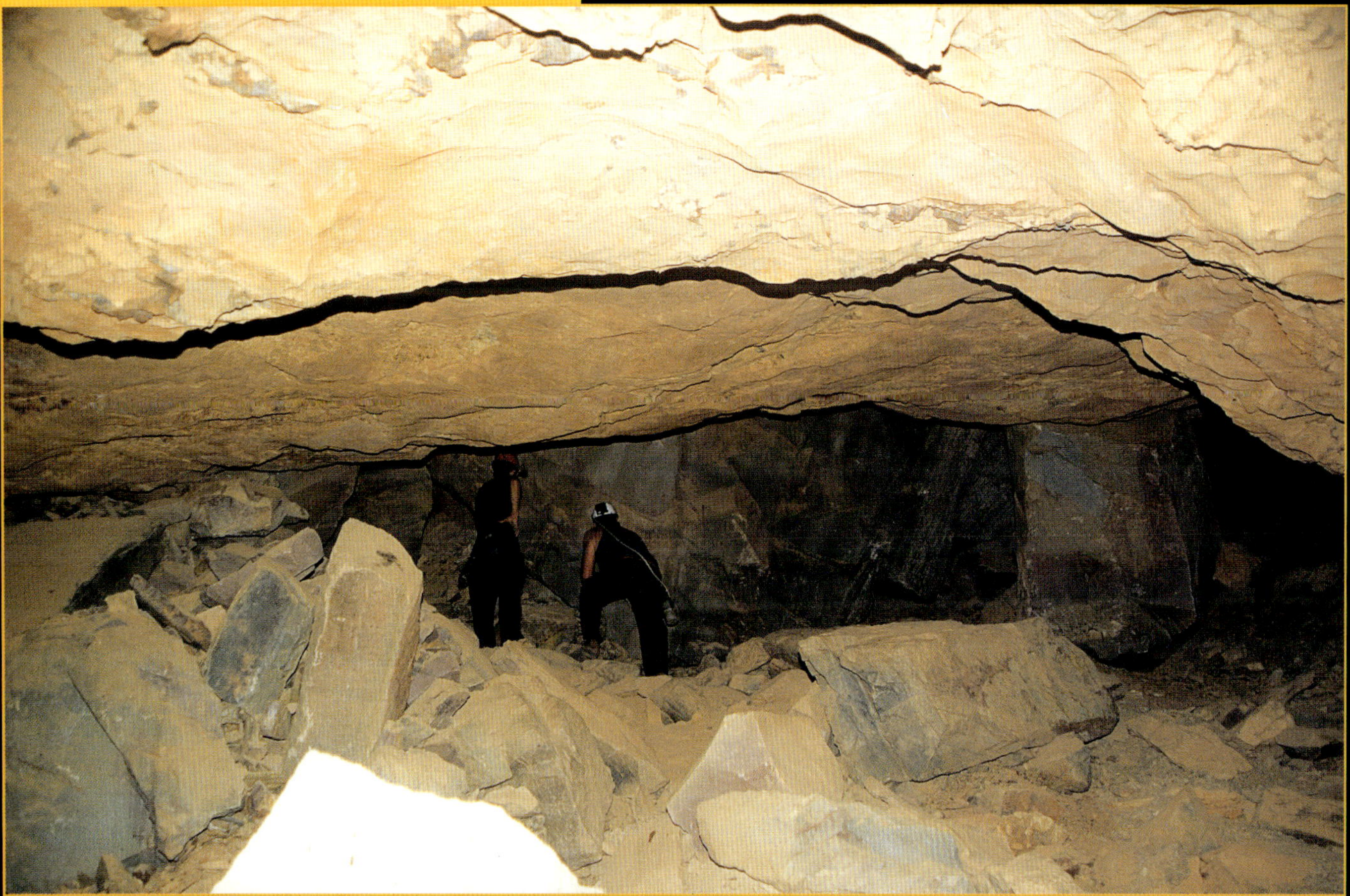

Photo by Kyung Sik Woo (Korea)

세계에서 가장 긴 동굴은?

▲ 미국 켄터키 주에 있는 매머드 석회동굴은 세계에서 가장 긴 동굴이다. 현재 약 563킬로미터이지만 아직도 탐사를 계속하고 있어 앞으로 길이가 늘어날 가능성이 높다. 우리 나라에서 가장 긴 동굴은 용암동굴인 제주도의 빌레못동굴이며, 그 길이는 11.749킬로미터이다.

◀ 말레이시아 사라와크의 디어동굴은 세계에서 입구와 통로가 가장 큰 동굴이다.

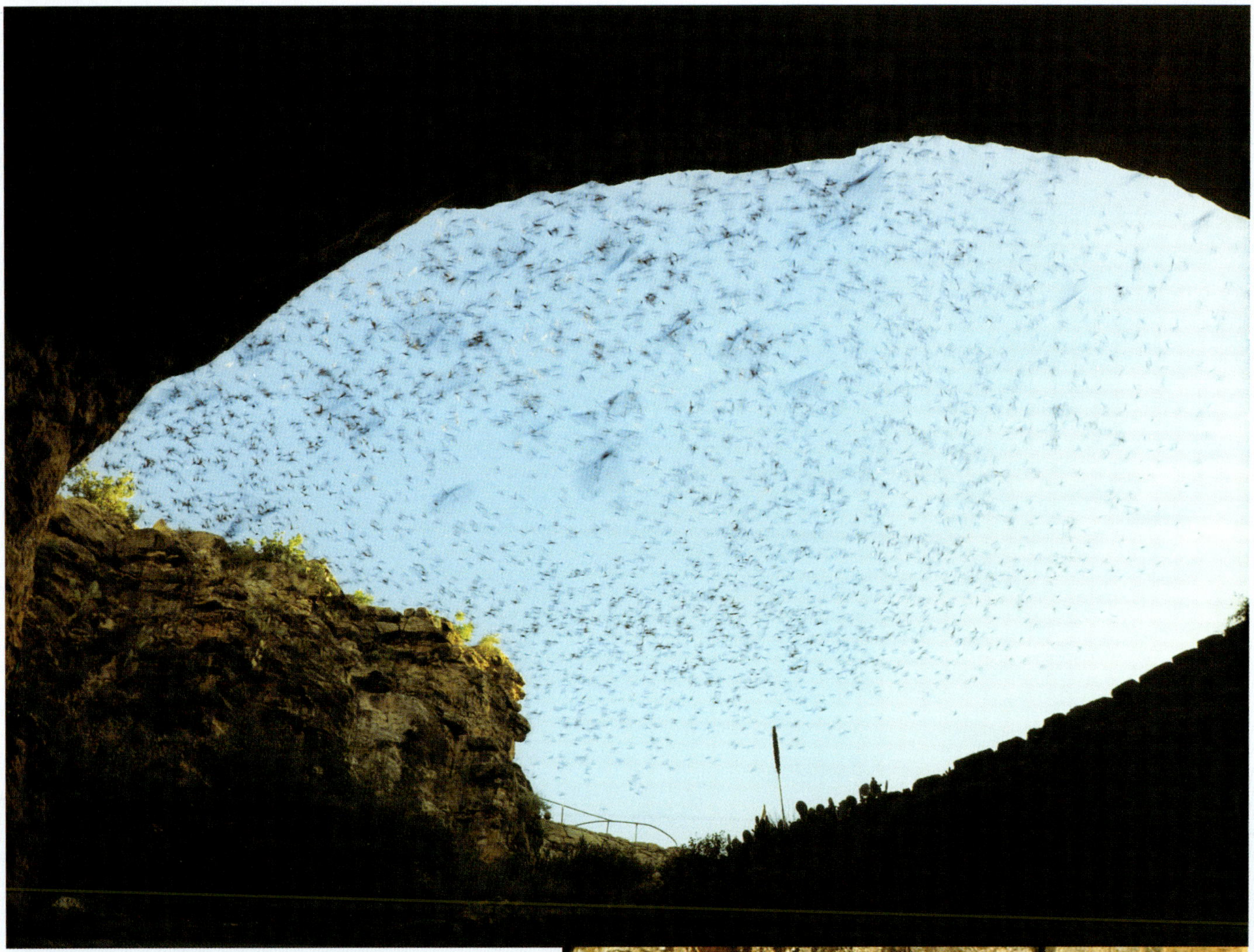

Photo supplied by Carlsbad Caverns National Park (USA)

▲미국 뉴멕시코 주의 칼스배드동굴은 저녁마다 동굴에서 나오는 박쥐 떼로 장관을 이룬다.

Photo supplied by Black Water Rafting Ltd. (New Zealand)

▶뉴질랜드에 있는 루아쿠리동굴에서는 동굴 속에 흐르는 하천을 이용하여 래프팅을 할 수 있다.

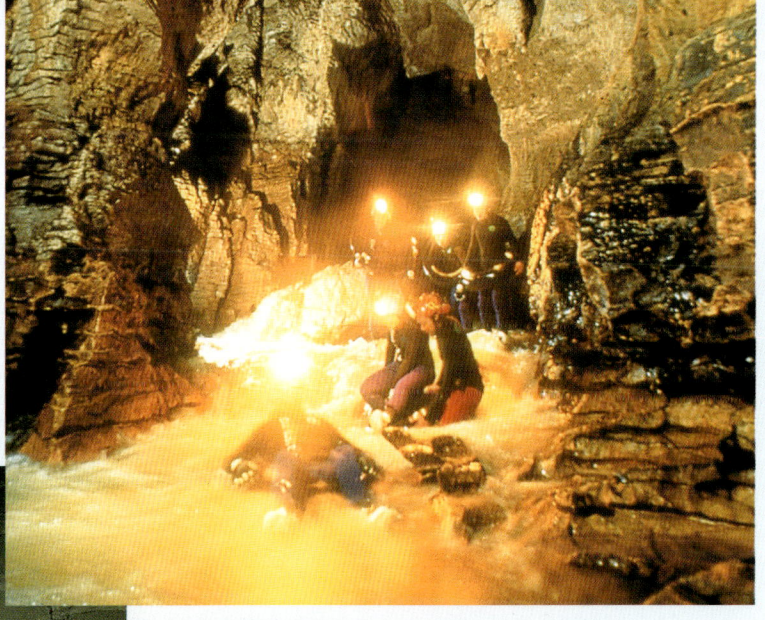

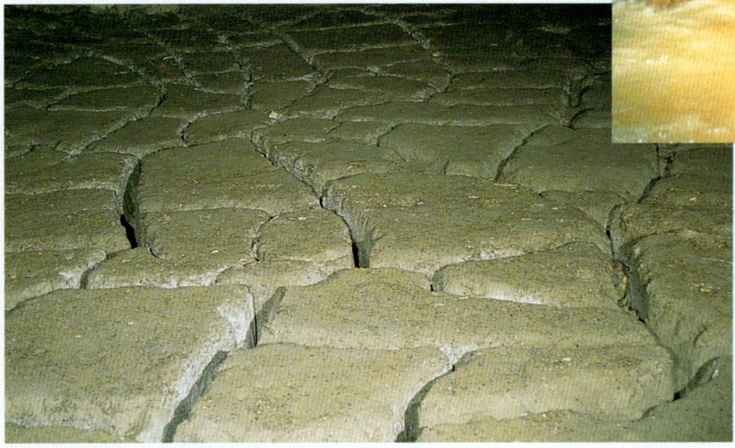

Photo by Kyung Sik Woo (Korea)

◀강릉 옥계굴의 동굴 입구에서 볼 수 있는 건열구조. 건열구조는 오랫동안 호수에 퇴적물이 쌓이다가 물이 빠지면서 만들어지는데, 이런 대규모의 건열구조는 우리 나라에서는 유일하며 세계에서도 매우 드물게 나타난다.

◀뉴질랜드 글로우웜동굴에 가면 일 년 내내 마치 밤하늘의 별이 빛나는 것과 같은 광경을 볼 수 있다. 이 빛은 파리의 유충(▶)이 빛을 내는 것이다. 이 빛을 좇아 날아온 곤충은 파리의 유충이 아래로 늘어뜨려 놓은 끈끈한 덫(▲)에 걸려 먹이가 된다.

▼고속도로를 뚫다가 발견된 이탈리아의 산조반니 석회동굴. 동굴의 통로를 고속도로로 연결했는데, 그 길이가 700미터에 이른다.

▲호주 제놀란동굴의 가재등 모양의 동굴생성물. 수십 킬로미터나 되는 긴 동굴들이 복잡하게 얽혀 있는 동굴 입구 몇 곳에서 발견되는데, 박테리아에 의해 만들어진 것으로 추정하고 있다.

▲ 미국의 루레이 석회동굴에는 파이프오르간이 설치되어 있어 정기적으로 관광객들에게 아름다운 음악을 들려준다.

Photo by Dave Bunnell (USA)

Photo by Shinzaburo Sone (Japan)

동굴에는 어떤 생물이 살까

물은 살 수가 없다. 그래서 동굴생물이라고 하면 대부분 동굴에 사는 동물을 말한다. 이들 동굴동물은 빛이 전혀 없는 환경에 적응하여 진화했으며, 사는 장소와 적응한 정도에 따라 진동굴성, 호동굴성, 외래성 동물로 나눈다.

▼ 호주 석회동굴에 사는 진동굴성 동굴물고기.

Photo by Douglas Elford (Australia)

외래성 동물 | 겨울잠, 여름잠, 휴식 등 생활의 일부를 동굴에서 보내는 동물이다. 낮에는 동굴에서 지내다가 저녁에 먹이를 구하러 나가는 박쥐 같은 동물이 대표적이다. 동굴의 음침한 환경을 좋아하는 것과 동굴에 잘못 들어온 것들이 있다.

호동굴성 동물 | 일생을 어두운 동굴 속에서 살지만 동굴과 유사한 환경이면 다른 장소에서도 살 수 있다. 진동굴성으로 진화하는 과정에 있다고 할 수 있다. 눈의 신경과 몸의 색깔이 자라면서 점차 없어진다.

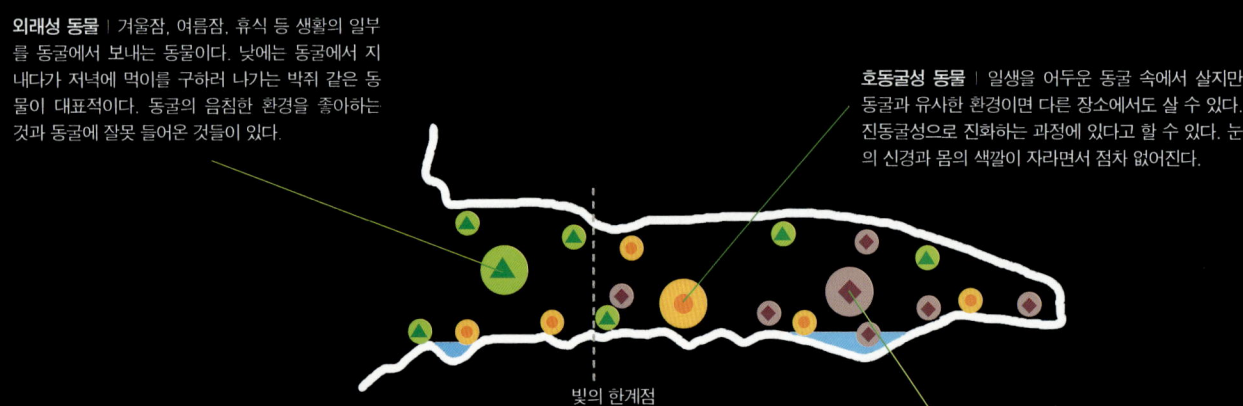

빛의 한계점

진동굴성 동물 | 빛이 전혀 들지 않는 깊은 곳에서 오랜 세월 살면서 눈이 없어지고 몸 색깔도 하얗게 변했다. 동굴 속에서 살도록 진화하여 이제는 동굴 밖에서는 살 수 없다.

◀앞사진 : 슬로베니아 석회동굴에 살고 있는 도롱뇽. 동굴 깊숙이 살고 있어 몸 색깔이 탈색되었다. 사람의 살색과 같은 색을 띠고 있어서 물고기는 아니지만 '인간물고기(human fish)'라 부른다.

◀원사진 : 일본장님굴새우.

▲ 제주도 한들굴의 긴날개박쥐. 제주도의 용암동굴에서는 긴날개박쥐가 수백 마리에서 수만 마리씩 무리지어 사는 것을 볼 수 있다.

▶ 제주도 용암동굴에서 관박쥐가 겨울잠을 자고 있다. 관박쥐는 단독으로 혹은 수백 마리가 무리지어 겨울잠을 잔다.

◀ 긴넓적다리삼당노래기와 먼지벌레 유충의 싸움.

Photo by Yong Gun Choi (Korea)

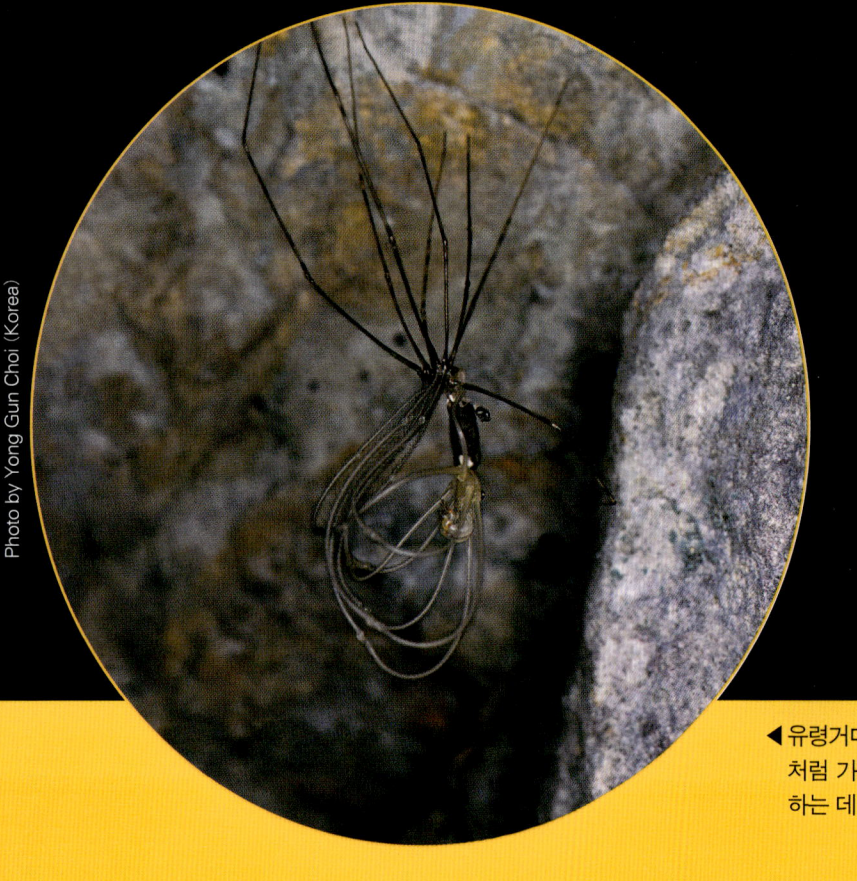

동굴동물은 무엇을 먹고 살까

동굴에서는 먹이사슬의 기초가 되는 식물이 살 수 없다. 따라서 동굴 밖에서 흘러 들어오는 하천이나 지하수, 혹은 바람에 실려온 유기물, 박쥐 같은 동굴동물들의 배설물이나 사체가 동굴동물들의 주요 먹이가 된다. 어떤 동물은 종에 따라 어릴 때와 어미일 때 먹이가 서로 다른 경우도 있다. 동굴에는 먹이가 풍족하지 않기 때문에 자기보다 작거나 약한 것은 같은 종류라도 잡아먹을 때가 있다.

◀유령거미의 탈피. 유령거미는 실처럼 가늘고 긴 다리 때문에 탈피하는 데 많은 시간이 걸린다.

▼호주 석회동굴의 장님굴꼽등이.

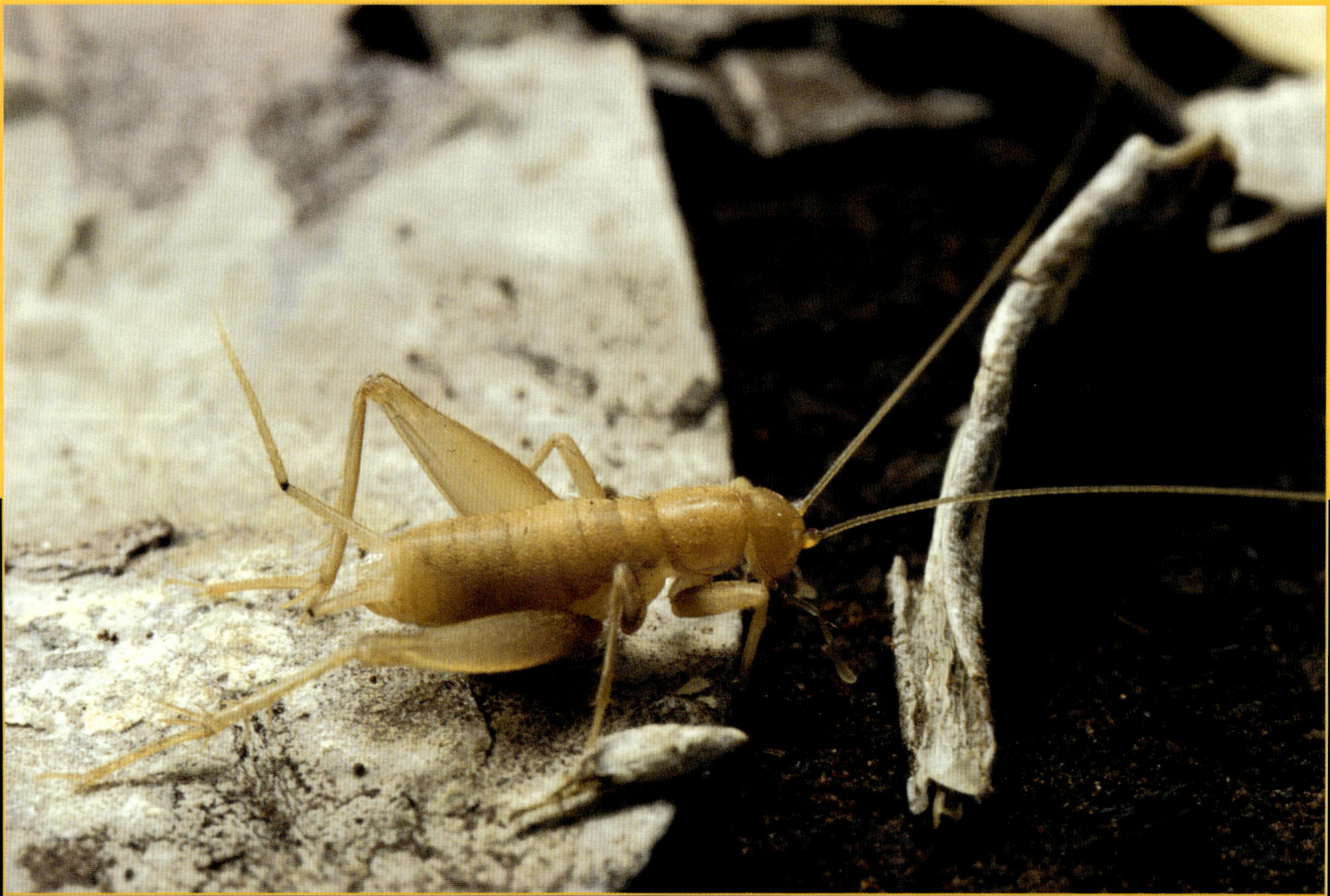

Photo by Douglas Elford (Australia)

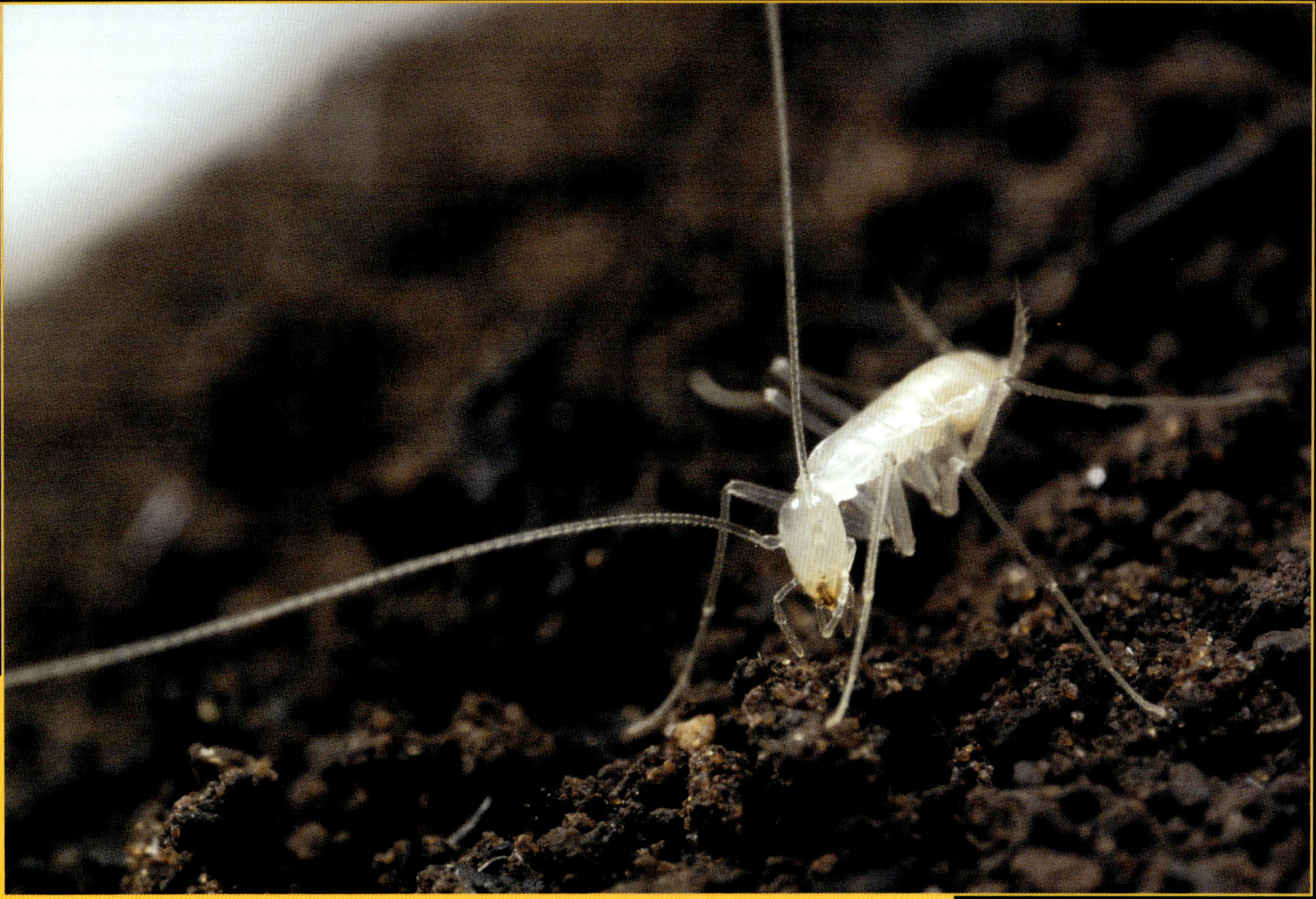

Photo by Douglas Elford (Australia)

▲호주 석회동굴의 장님동굴바퀴벌레. 눈이 없어지고 몸의 색소도 없는 진동굴성 동물의 특성을 잘 보여주고 있다.

▼호주 석회동굴의 장님동굴쥐며느리.

Photo by Douglas Elford (Australia)

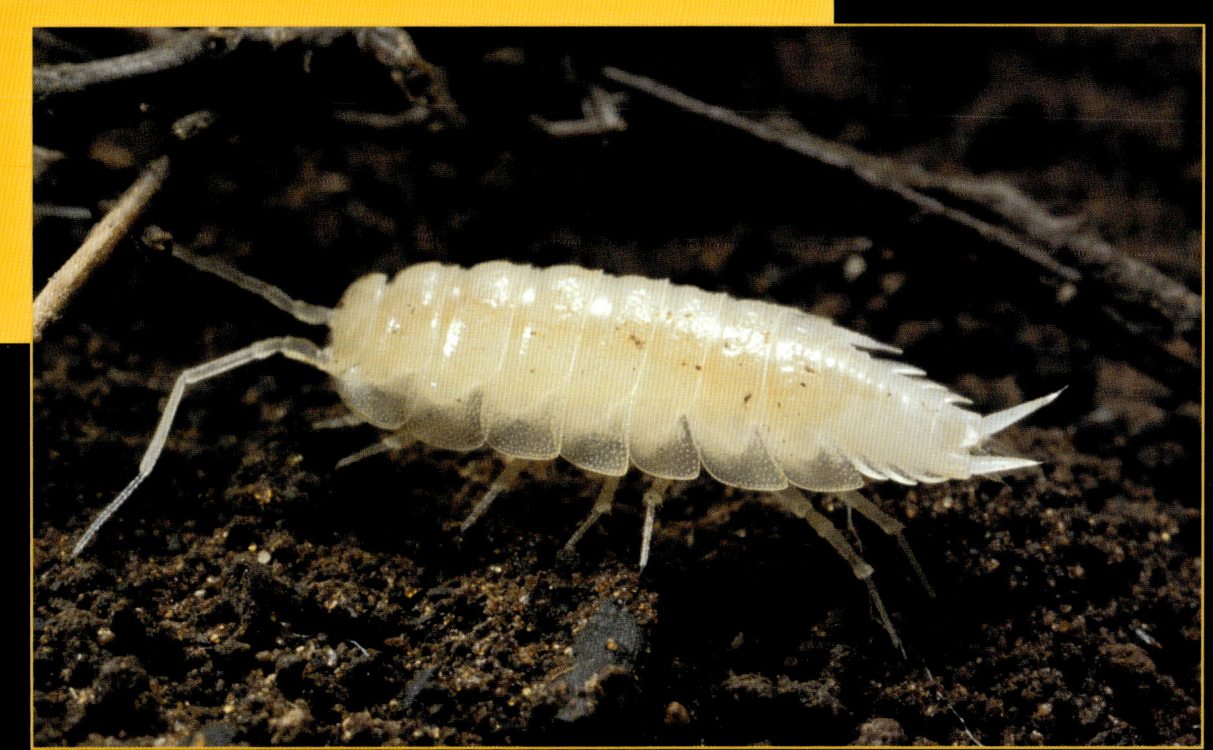

▼ 담흑물결자나방의 몸에서 자라는 동충하초. 높은 습도가 일정하게 유지되는 동굴에서 볼 수 있는데, 어떤 동굴에서는 수백 마리가 감염되어 떼죽음을 당하기도 한다.

◀ 갈르와벌레(귀뚜라미붙이). 동아시아와 북미 동부 지역에서만 발견되는 원시형 곤충이다. 암컷은 꽁무니에 칼 모양의 산란관이 있다.

▲ 호주 석회동굴의 동굴전갈류(앉은뱅이류). 주로 동굴 속에 사는 작은 곤충의 유충을 잡아먹는다.

Photo supplied by Lava Beds National Monument (USA)

인간은 왜 동굴에 들어갈까

▲ 스페인 알타미라동굴에서 발견된 동굴벽화.

◀ 앞사진 : 미국 캘리포니아 펀동굴에서 발견된 동굴벽화.

▶ 뉴질랜드 남섬의 허니콤동굴에서 발견된 동물뼈 화석. 이 동물은 '모아'라는 새의 화석으로 타조와 비슷하지만 지금은 멸종되었다.

인간이 동굴에서 살았다는 가장 오래된 증거는 중국 베이징 근처의 한 석회동굴에서 발견되었다. 이 동굴에서 나온 사람의 뼈는 베이징원인이라 불리우며, 약 70만 년 전의 것으로 추정된다. 중국의 베이징원인이나 스페인의 알타미라 동굴벽화를 보면 인간이 아주 오래 전부터 동굴을 기반으로 살았으며, 빙하기를 거치면서 추운 날씨를 견디기 위해 동굴에 들어가 살았으리라 쉽게 추측할 수 있다. 따라서 학자들은 동굴에 남겨진 뼈와 유적들을 근거로 당시 살았던 사람과 동물, 기후와 환경에 관하여 수많은 연구를 진행하고 있다.

또한 동굴은 원시인이 살았던 이래로 여러 가지 용도로 이용되었다. 광물을 채취하거나, 전쟁 때는 피난처가 되기도 하고, 심지어는 동굴 속에 흐르는 물의 낙차를 이용해 전기를 만들기도 했다. 오늘날에는 관광지로 개방되어 관광객들의 사랑을 받고 있다.

▶ 이탈리아 사르디냐 석회 동굴에서 발견된 동물뼈.

Photo by Paolo Forti (Italy)

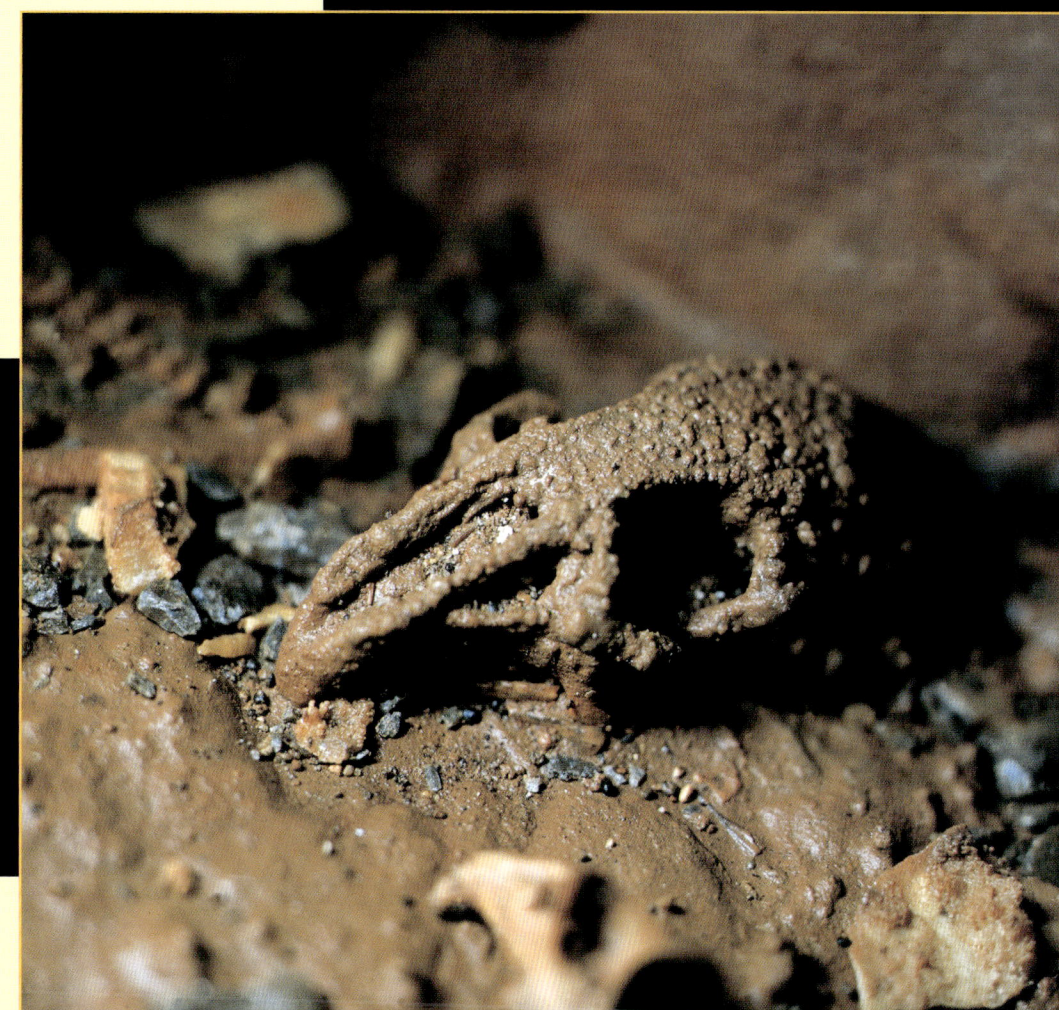

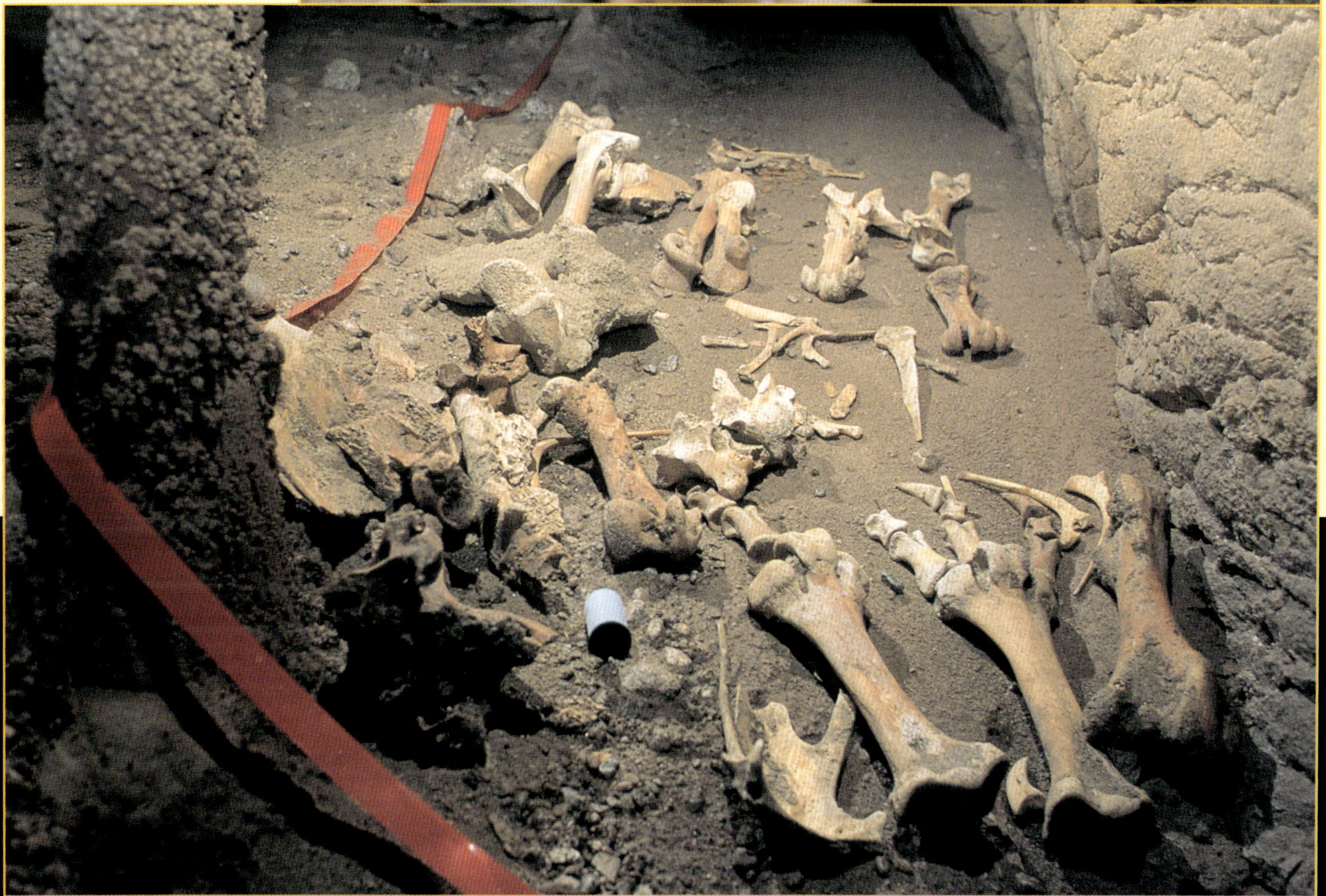

Photo by Ann & Peter Bosted (USA)

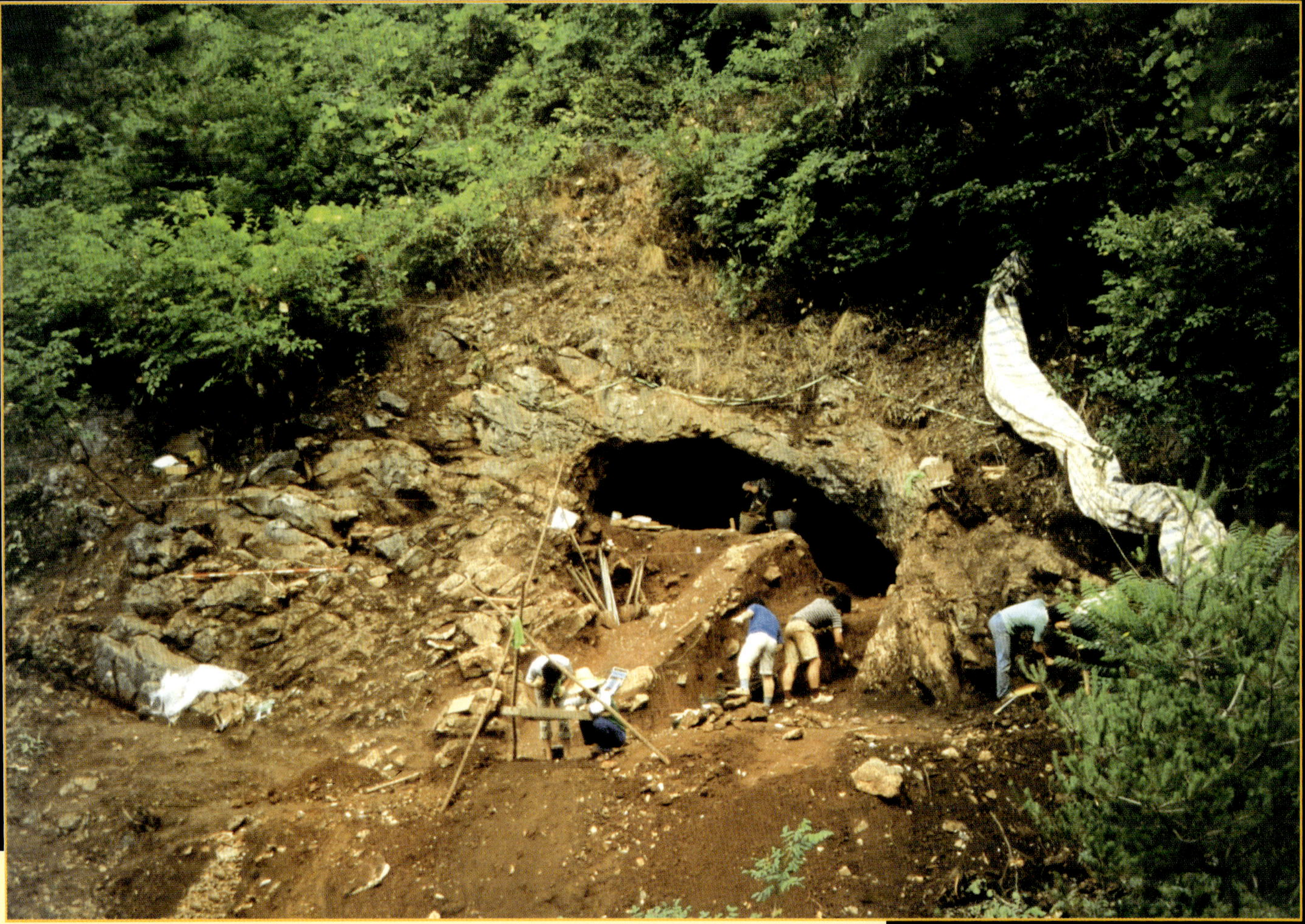

Photo by Yung Jo Lee (Korea)

▲단양 구낭굴 입구의 구석기 유적 발굴현장.

Photo by Yung Jo Lee (Korea)

▶단양 구낭굴 유물 발굴 장면으로 호랑이의 아래턱뼈를 비롯해 많은 짐승의 뼈가 나왔다.

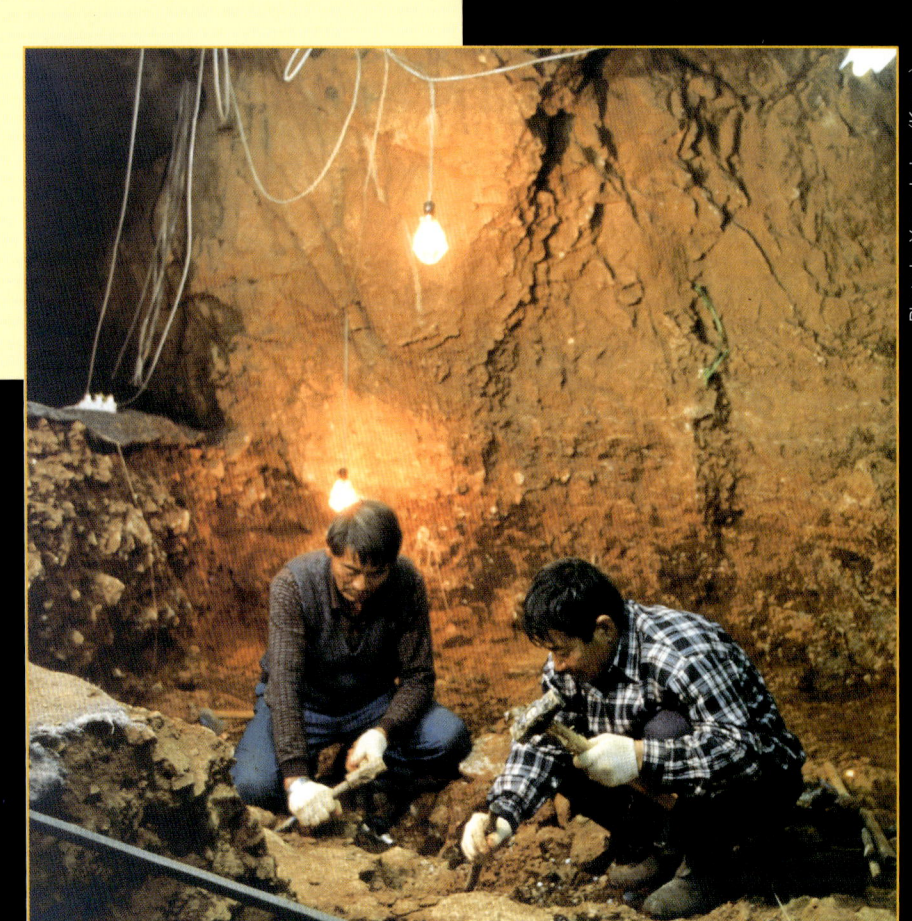

우리 나라의 구석기 유적은 지금까지 남한과 북한 모두에서 약 60여 곳이 조사, 발굴되었다. 특히 석회동굴에서 발견된 짐승뼈와 석기, 그리고 사람뼈는 이 지역에서 살던 원시인의 문화를 이해하는 데 많은 도움을 준다.

◀ 흥수아이. 1983년 두루봉 지역의 흥수굴에서 발견된 아이의 뼈로, 약 110~120센티미터의 키에 나이는 다섯 살 정도로 추정된다. 우리 나라는 물론 아시아에서 발견된 가장 완전한 사람 뼈이며, 아이는 약 4만 년 전에 살았던 것으로 보인다. (▲)흥수아이의 뼈를 기초로 아이의 모습을 청동으로 복원했다.

Photo by Yung Jo Lee (Korea)

▲ 호주의 수중 석회동굴에서 발견된 박테리아. 탄산칼슘 성분의 광물을 만드는 특이한 미생물이다.

▼ 호주 널라버의 수중동굴을 탐사하는 모습.

동굴탐험과 조사

동굴에서 자란 동굴생성물을 연구하면 과거 지구의 환경에 영향을 주었던 기후변화를 짐작할 수 있다. 또 동굴과 같이 특이한 환경에 살고 있는 생명체들은 생명의 기원과 진화에 관한 많은 정보를 주기도 한다. 특히 이러한 생물들은 난치병을 치료할 수 있는 새로운 유전자를 제공할 가능성도 있다.

▲ 삼엽충으로 이루어진 하부 고생대 석회암의 현미경 사진. 이 석회암에 나타나는 삼엽충은 따뜻한 얕은 바다에서 퇴적층이 만들어졌다는 증거가 된다.

▶ 우리 나라에서 최초로 연령이 측정된 고씨굴의 석순. 자라는 데 20만 년이라는 긴 세월이 걸렸다.

▼ 실험실에서 동굴생성물을 분석하고 있다.

30만 년 전

Photo by Lim Chan Koon (Malaysia)

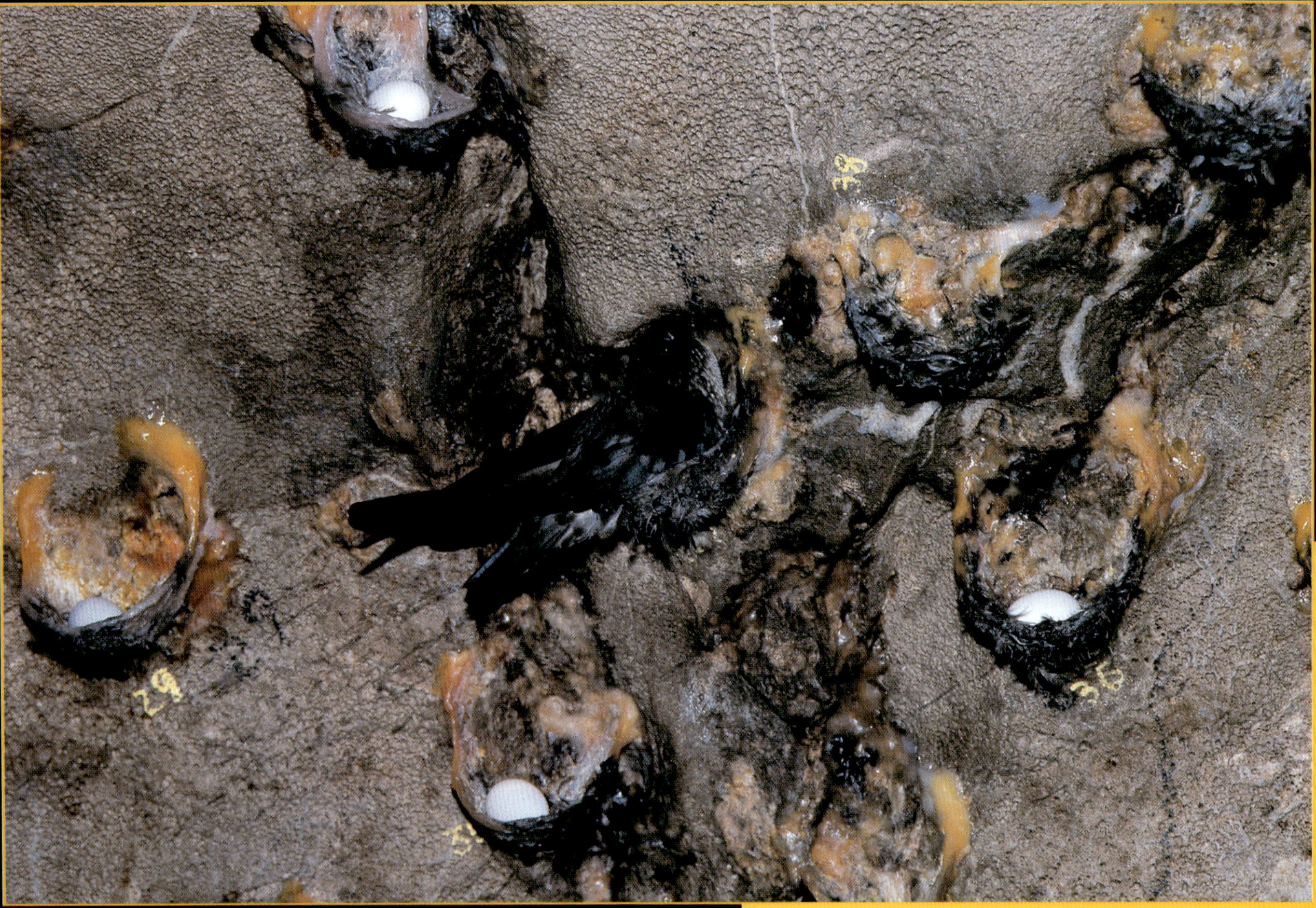

▲말레이시아의 석회동굴 입구에 사는 바다제비. 주민들은 제비집을 떼어내 수프의 재료로 판다.

Photo supplied by J. M. Choi (Korea)

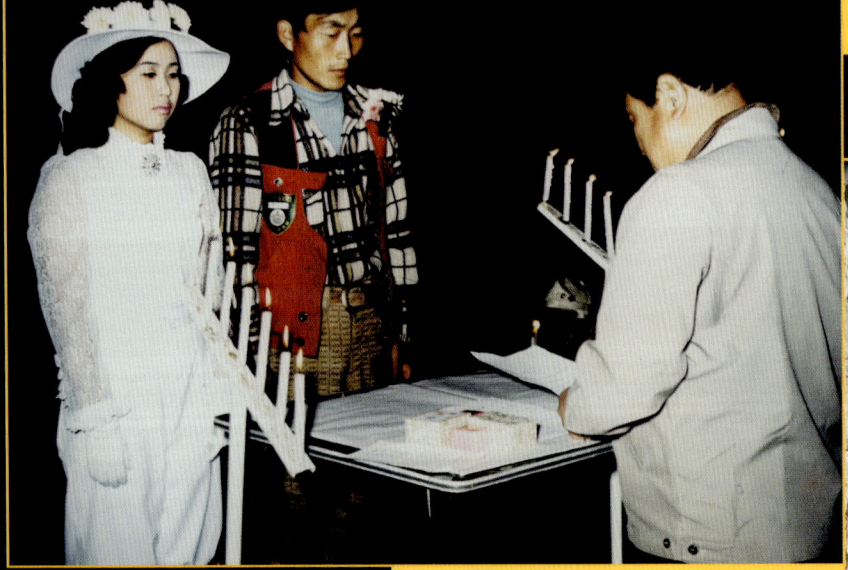

▲1974년 우리 나라 최초로 강원도 정선 화암굴에서 결혼식을 올린 최재명 씨 부부.

Photo by Kyung Sik Woo (Korea)

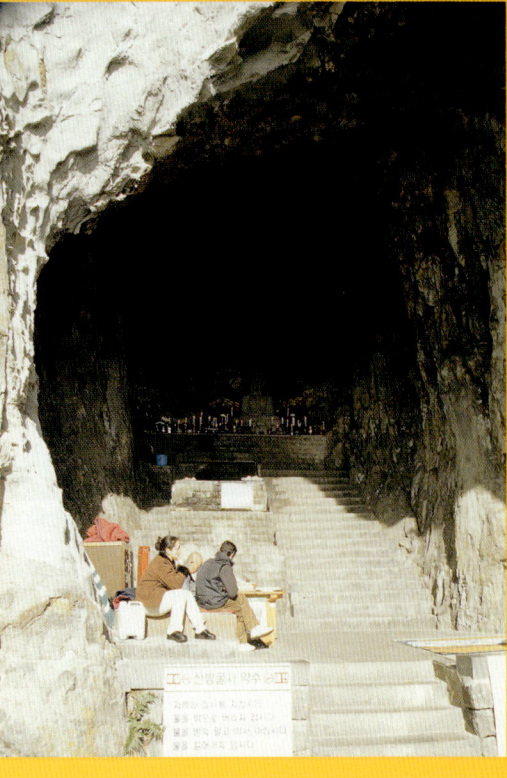

▶제주도 삼방굴에 안치되어 있는 불상. 많은 관광객들이 이 곳을 방문하여 참배를 한다.

▲ 이탈리아 프라사시 석회동굴의 흰색 석순과 석주.

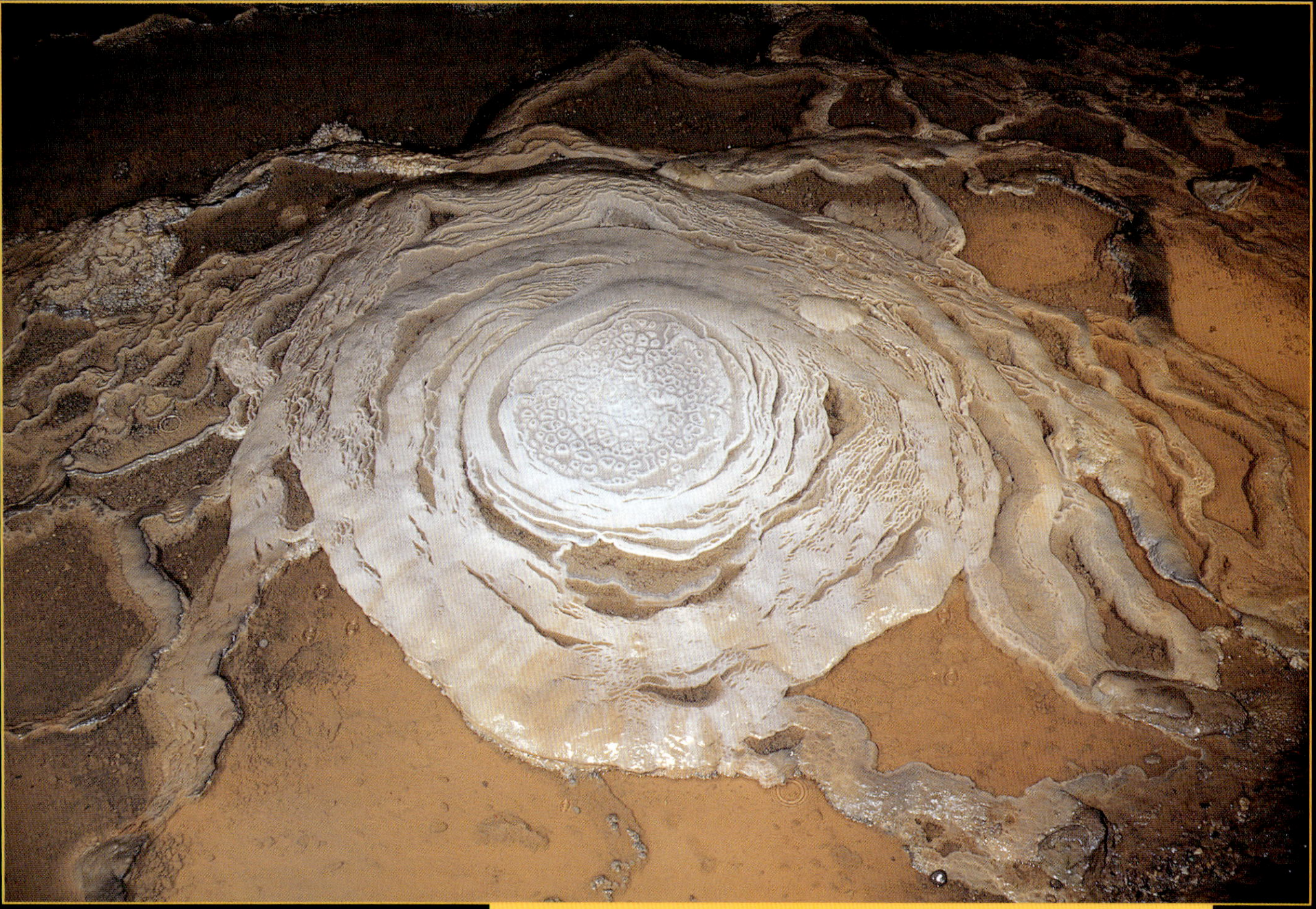

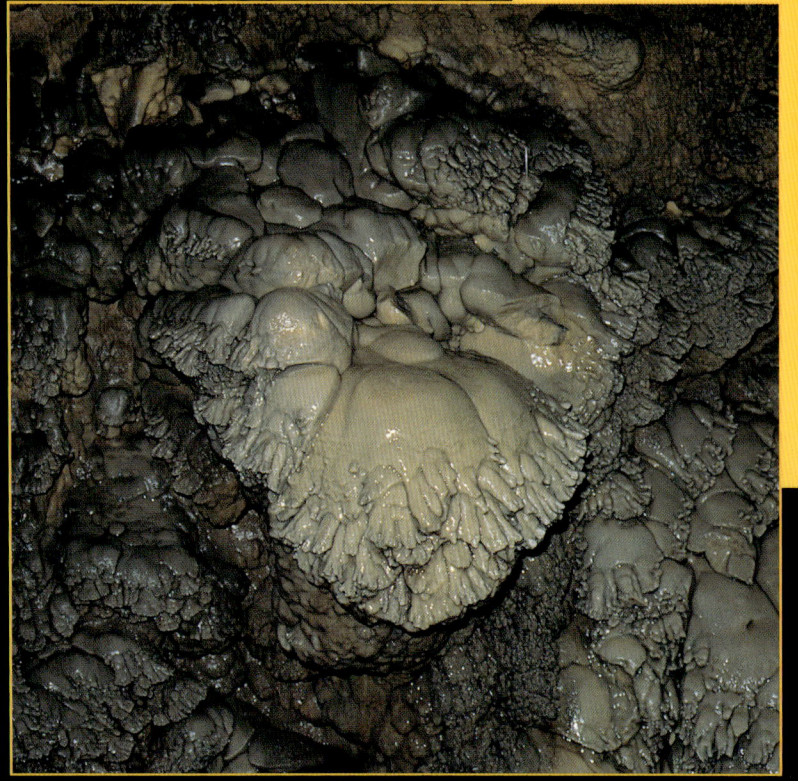

▲강원도 환선굴의 옥좌대(기형 휴석). 천장에서 많은 물이 떨어지면서 연꽃 모양의 아름다운 휴석이 만들어졌다.

Photo by Kyung Sik Woo (Korea)

◀강원도 환선굴의 대머리형 석순. 1997년 관광동굴로 개방된 환선굴은 동굴 생성의 초기 단계라 일반 석회동굴에서 흔히 볼 수 있는 종유석과 석순은 많지 않지만, 거대한 규모의 유석과 커튼, 희귀한 모양의 생성물들을 볼 수 있다.

우리 나라에는 석회동굴, 용암동굴, 해식동굴 등 약 천여 개 정도의 자연동굴이 있다. 석회동굴은 석회암이 있는 강원도와 충북 단양, 경북 문경 지역에 많이 있으며, 용암동굴은 화산암이 있는 제주도에서만 볼 수 있다. 해식동굴은 해안선을 따라 여러 지역에서 발견된다.

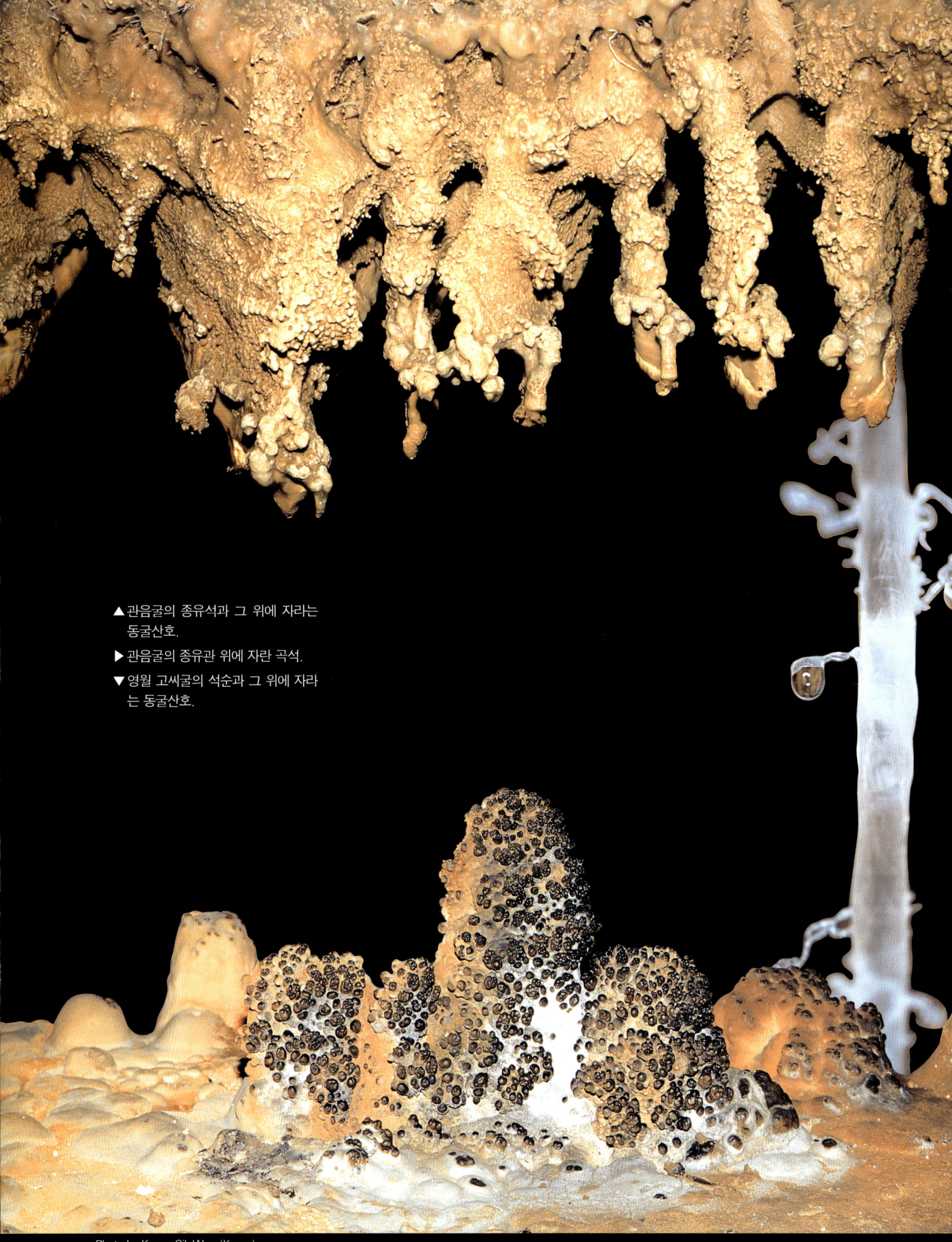

▲ 관음굴의 종유석과 그 위에 자라는 동굴산호.
▶ 관음굴의 종유관 위에 자란 곡석.
▼ 영월 고씨굴의 석순과 그 위에 자라는 동굴산호.

Photo by Kyung Sik Woo (Korea)

영문 사진설명 (Caption)

Inside Front Cover: Cave painting, Kimberley-Limestone Ranges, Australia

2 Lechuguilla Cave, New Mexico, U. S. A.
4 Santa Barbara Cave, Sardinia, Italy
5 Domica Cave, Slovakia
6 Subway Cave, Hawaii, U. S. A.
8 Helictites in Lechuguilla Cave, New Mexico, U. S. A.
9 △ Anthodites in Lechuguilla Cave, New Mexico, U. S. A.
　▽ Rimstone and cave popcorn in Baegryong Cave, Korea
10 △ Ice stalagmites in Spipolar gypsum cave, Bologna, Spain
　▽ Cave pearls in Lechuguilla Cave, New Mexico, U. S. A.
11 Broomstick stalagmites in Kateřinská Cave, Czech Republic
12 Pinnacles (tower karst) in Stone Forest, China
14 Stalagmites in Noe Cave, Italy
16 △ Soda straws and stalactites in Gossi Cave, Korea
　▽ A soda straw in Valdemino Cave, Italy
17 △ Cross section of a stalactite. A soda straw is in the center.
　▽ Stalactites in Šošuvské jeskyně, Czech Republic
18 Flowstone in Yongdam Cave, Korea
19 Bacon sheet in Waitomo Cave, New Zealand
20 Flowstone in Kwaneum Cave, Korea
21 △ Cave pearls in Lechuguilla Cave, New Mexico, U. S. A.
　▽ Rimstone in limestone cave, Akiyoshidai, Japan
22 △ Anthodites in Gosu Cave, Korea
　▽ Branched cave coral in Rakoczi Cave, Hungary
23 △ Helictites in Ochtinska Aragonite Cave, Slovakia
　▽ Calcite rafts in Chodang Cave, Korea
24 △ Tower karst in Halong Bay, Vietnam
　▽ Cone karst in Indonesia
25 △ Dolines in Akiyoshidai, Japan
　▷ Polje in Canada
　▽ Rillenkarren on halite beds, Cardona, Spain
26 Konawater Cave, Hawaii, U. S. A.
28 △ Bench in Prairie Dog Cave, Hawaii, U. S. A.
　▽ Pillar in Valentine Cave, U. S. A.
　(Background) Pahoehoe lava, Hawaii, U. S. A.
29 △ Lava flowstone in Emesine Cave, Hawaii, U. S. A.
　▽ Table in Emesine Cave, Hawaii, U. S. A.
30 △ Lava stalactites in Redemption Cave, Hawaii, U. S. A.
　▷ Lava coralloids, Victoria, Australia
　▽(left) Lava helictite in Dangcheomul Cave, Korea
　▽(right) Lava stalagmite in Kula Kai Cavern, Hawaii, U. S. A.
31 Dobsinska ice cave, Slovakia
32 Ice formations in Crystal Cave, California, U. S. A.
33 △ Ice formations in Crystal Cave, California, U. S. A.
　▽ Ice formations in Dachstein limestone cave, Austria
34 Sea cave, Hawaii, U. S. A.
35 △ Sea cave, Gyeokpo, Korea
　▽ Sea Lion Cave, Oregon, U. S. A.
36 △ Gypsum formations in gypsum cave, Sorbas, Spain
　▽ Gypsum stalagmites in gypsum cave, Sorbas, Spain
37 △ Halite stalactites in halite cave, Iran
　▽ Halite stalactites in halite cave, Cardona, Spain
38 △ Siliceous formation in Crystalgasm Cave, Hawaii, U. S. A.
　▽ Stalactites, stalagmites and columns in Dangcheomul Cave, Jeju, Korea

39 △ Gypsum flower in Roppel Cave, U. S. A.
　▽ Quartzite cave, Araras Hole, Brazil
40 △ Mammoth Cave, U. S. A.
　▽ Largest cave passage in the world, Deer Cave, Sarawak, Malaysia
41 △ Flying bats at the entrance of Carlsbad Cavern, New Mexico, U. S. A.
　▷ Ruacuri Cave, New Zealand
　▽ Desiccation cracks in Okgye Cave, Kangneung, Korea
42 △ Glowworm in Glowworm Cave creating the effect of starry night. Glowworm threads. The female glowworm fly and pupae.
　◁ Stromatolitic stalagmite in Jenolan Caves, Australia
　▽ A 700m-long river cave with a highway through it, San Giovanni Cave, Sardinia, Italy
43 An organ installed in Luray Caverns, U. S. A.
44 Salamander
　(round) Amphipod; *Pseudocrangonyx skikokunis*
46 Cave gudgeon; *Milyeringa veritas*
47 △ Schreiber's Bat in Handeul Cave, Jeju, Korea
　▷ Greater Horseshoe Bat in lava tube, Jeju, Korea
　▽ A millipede (*Skleroprotopus laticoxalis longus*) fighting a beetle larva.
48 △ Daddy long-legged spider molting (*Pholcus extumidus*)
　▽ Blind cave cricket; *Ngamarlanguia luisae*
49 △ Blind cave cockroach; *Nocticola flabella*
　▽ Blind cave slater; Isopoda
50 △ The insect-born fungus of moth (*Triphosa dubitata*)
　▽ Ice bug (*Gallosiana* sp.)
51 Cave pseudoscorpion, *Hyella* sp., Australia
52 Cave painting in Fern Cave, California, U. S. A.
54 Cave painting in Altamira Cave, Spain
55 △ Skull of a "*Prolagus sardus*" cemented on the cave floor, Sardinia, Italy
　▽ Skeletons of moa in Honeycomb Cave, New Zealand
56 △ Paleolithic site in Gunang Cave, Danyang, Korea
　▽ Animal fossils in Gunang Cave, Korea
57 Bronze reconstruction of the Heungsoo Child, Korea
58 △ Calcite precipitating bacteria in the submerged limestone cave, Nullarbor, Australia
　▽ Diving in the submerged limestone cave, Nullarbor, Australia
59 △ Thin section photomicrograph of trilobite, Ordovician limestone, Taebaeg, Korea
　▷ Age of the stalagmite in Gossi Cave, Korea
　▽ Geochemical analysis of speleothems
60 △ Swiftlet's nests, Sarawak, Malaysia
　◁ A wedding ceremony of Mr. Choi and his bride, Hwaam Cave, Korea
　▽ A buddhist statue in Sambang Cave, Jeju, Korea
61 White stalagmites and columns in Frasassi Cave, Italy
62 △ Fancy Rimstone in Hwanseon Cave, Samcheok, Korea
　▽ Bald-headed stalagmites in Hwanseon Cave, Samcheok, Korea
63 △ Erratic stalactites and cave coralloids in Kwaneum Cave, Samcheok, Korea
　▷ Helictites in Kwaneum Cave, Samcheok, Korea
　▽ Cave coralloids growing on the stalagmites in Gossi Cave, Yeongwol, Korea

Inside Back Cover: Bat skeletons cemented on flowstone, Fime-Vento Cave, Italy